授業で教えて欲しかった数学①

恥ずかしくて聞けない数学64の疑問

仲田紀夫

疑問の64(無視)は,後悔のもと!

道志洋数学博士

黎明書房

はじめに

    “聞く”と“疑問”

　“聞くは一時の恥，知らぬは一生の恥”
とよくいわれるが，“聞く”ということは，それほどたやすいことではないように思われる。
　たとえば，授業が終わったあと，先生に疑問の点を聞きに行くと，
　「説明したのに，授業中，何を聞いていたんだ！」
　「こんな初歩のことを質問するナ。」
　「すぐ聞いたりしないで，少しは自分で調べなさい。」
などの返事がかえってきたりする。結局は，
　“聞くのは，叱られるもと”
ということがしばしばあり，『諺』ほど簡単なことではなく，とかく“聞くは恥だけ”で終わってしまう。
　また，一言で“聞く”といっても，疑問の整理ができていなくて，先生のところまで行きながら逆に，
　「きみは，一体何を聞きたいのか？」
　「質問するなら，自分の疑問をまとめてから来なさいよ。」
などと，注意されることもある。
　イヤハヤ，“聞く”ことは難しいし，“疑問をもつ”ことも大変なことなのだ。
　そこに本書の存在価値がある。
　本書は中学・高校数学内容の7つの領域における計“64の疑問”をとりあげ，その解明にとり組んでいるものである。

ほうっておくと，数学嫌い，オチコボレの原因になる。

著者は，中学・高校教師25年，この教師時代の日々から得た記録，『生徒の疑問・質問メモ』からよい材料を選び，また大学教官20年の**教材研究**という体験と理論にもとづいて本書をまとめた。

問答形式で中身を深化

中学・高校教師時代のいろいろな体験を思い出しながら，当時の生徒の**あらゆる形の質問**——疑問，奇問，珍問，愚問，あるいは好問，などあるん駄問（ダモン）！——を設定した。

その各問について，**道　志洋**（みち　しひろ）**博士**（通称ドウショウ博士）を先生とし，少し奇妙な生徒との，多少脱線もある**珍問答**で，読みやすく，楽しく，そして，納得いくように解説してある。

問答形式なので，一歩一歩とステップを踏むことから理解しやすい上，どこがわからなかったか，その場所も気付くことができるであろう。

教科書にない視点と素材

『数学珍問答』というからには，"問"はともかく"答"に新鮮味や特色があるものでなくてはならない。

その特徴とするものは，上記各質問のほか次のようである。
- 疑問に思ってほしい内容と詳しい解説
- 教材の歴史，物語に関する広い知識
- パズルなど楽しいものの紹介やその発展
- 中学・高校内容より高いレベルの考え方
- 社会人の常識，最新の数学情報に関するもの

以上から，本書によって疑問を解明し，今後，数学を"興味と魅力と意欲をもって学習する"ことができるよう期待している。

「本書で，すべての疑問を解消！」とはいわないが，疑問への挑戦法や解決法の手段は学べると考えているのである。

　　1999年4月1日——"嘘問"の日——

　　　　　　　　　　　　　　　　　　　　　　著　　　者

〔余談〕質問の種類

　生徒や学生の質問は，その内容によっていろいろなタイプ分けをすることができる。

　多少，"ふざけた目"で見ると，一層興味深いので，次の5つに分類して具体例をあげてみた。

〔質問〕	〔意味〕	〔数式〕	〔図形〕
疑問	疑った内容の質問	$(-)\times(-)=(+)$ はナゼか	形がちがうのに，三角形の内角の和がみな180°？
奇問	奇抜な内容の質問	$1=0.99999\cdots\cdots$ は，おかしくないか	星形は「五角形」といってよいか
珍問	まとはずれの質問	$\infty+\infty=2\infty$ といえるか	面積のない「点」が図に描けるか
愚問	くだらない質問	$1+1=2$ はナゼなのか	1回転が360°のわけ
駄問	ピントのずれた質問	$9-4\times 2=10$ はナゼ，バツか	三角形はなぜ辺が3つか

　上の"○問"は，学年によっては**好問**，**良問**になることもある。また，「$8\times\frac{3}{4}$では，掛け算なのに答が小さくなるのはなぜ？」で小学生なら疑問，中学生以上なら愚問になる。

　「できない数学の勉強は拷問だ‼」ということがないようにしよう。

目　次

はじめに　1

〔余談〕質問の種類　3

第1章　数式と計算の疑問　11

1　「0で割るな！」はナゼなのか？　12

2　「素数が無限」であることをどう調べる？　14

3　"聖なる数"って，どんなもの？　16

4　円周率の計算と，桁数をたくさん求めるわけ？　18

5　1＝0.99999…の＝はおかしくないか？　20

6　分数の割算は，どうしてひっくり返すのか？　22

目　次

7　(−)×(−) が，ナゼ (+) になる？　24

8　$a \neq 0$ で $0^a=0$, $a^0=1$。では 0^0 はいくつ？　26

9　文字式なんか役に立つの？　28

　　[どんなモンダイ！　解答]　30

第2章　計量と測定の疑問 ── 33

1　なぜ，時間，角度だけ60進法？　34

2　『メートル法』制定の必要性は？　36

3　グリニッジ天文台が経線0°のわけ？　38

4　ティッシュで高さが測れるという方法？　40

5　富士山頂から見える距離は？　42

6　三角比の記号 sin はどこから生まれた？　44

7　曲線図形の面積の求め方は？　46

8　図形での"2倍"の作図はどうする？　48

9 ベクトルでは「1辺と2辺の和とが等しい」？ 50

　　　どんなモンダイ！　解答　52

第3章　図形と証明の疑問 ——————— 55

1 「作図法」がナゼ古代エジプトから始まった？ 56

2 作図法から"図形証明の学問"への道？ 58

3 古代ギリシアで論理が発展したわけ？ 60

4 "正多面体の美"の美とは？ 62

5 『投影図』が要塞設計から誕生した，というわけ？ 64

6 そもそも『幾何学』とは何なのか？ 66

7 3つの"美しい定理"とその証明法って？ 68

8 「地図の塗り分け問題」とは？ 70

9 アキレスは亀に追いつけるか？ 72

　　　どんなモンダイ！　解答　74

目　次

第4章　関数とグラフの疑問 ───── 77

1　「1対1の対応」とは，どういうこと？　78

2　比と比例はどう違う？　80

3　反比例のグラフは折れ線でない？　82

4　"関数"という言葉の意味は？　84

5　大砲から関数誕生ってほんとう？　86

6　勉強量と成績との関係ってある？　88

7　$y=2x$，$y=-x+3$ の y は同じもの？　90

8　x^3+x^2+x は（立方体）＋（正方形）＋（線分）か？　92

9　関数と方程式のグラフの違い？　94

　　どんなモンダイ！　解答　96

第5章　統計・確率と利用の疑問 ───── 99

1　「数の表」はナゼ統計といわない？　100

2 "平均の悪用"ってどんなことをいうの？ 102

3 代表値の種類と使い方は？ 104

4 ナゼ偏差値が悪者なのか？ 106

5 『確率』は，いつ，どこで生まれた？ 108

6 ネス湖に『ネッシー』がいたか？ 110

7 "くじの夢"と期待値のふしぎ？ 112

8 くじの「先」と「後」どちらが有利？ 114

9 『保険』と数学との関係は？ 116

　　どんなモンダイ！　解答　118

第6章　文章題と解法の疑問 — 121

1 数学にナゼ"文章題"があるのか？ 122

2 世界最古の文章題は，どんなものか？ 124

3 解法の工夫はどう変遷した？ 126

目　次

4　『代数』の名はどこからできたのか？ 128

5　アルゴリズムは人名のなまり？ 130

6　トンチとユーモアの『インドの問題』とは？ 132

7　○○算ルーツの『塵劫記(じんこうき)』とは？ 134

8　"ねずみ講"と「ねずみ算」の関係？ 136

9　古くて新しい数学『L.P.』とは？ 138

　　どんなモンダイ！　解答　140

第7章　古今東西の難問とパズル ── 143

1　有名な易(やさ)しい難問とは？ 144

2　"一筆描(が)き"の誕生と，その後？ 146

3　"平安文学美女"の名のパズルとは？ 148

4　珍問，奇問に登場する主役？ 150

5　日本的パズル"覆面算(ふくめんざん)"の妙？ 152

6 柵(さく)づくりや分割のチエ？　154

7 「ロバの橋」という易しい難定理？　156

8 神の比例と紙の比例とは？　158

9 『千一夜物語』のシェヘラザーデ数って？　160

10 最後は…，数学者の遺言！　162

　　どんなモンダイ！　解答　164

装丁：長山　眞　　イラスト：筧　都夫

第1章 数式と計算の疑問

"計算手品師"の技—変な計算しても正答！

1 「0で割るな！」はナゼなのか？

道　博士　オイオイ，朝から不景気な顔をして，どうした？

明夫君　ハイ。また"数学の壁"にぶつかりました。

道　博士　まあ，それも「わかるための一歩」でいいだろう。ところで，今回はどんな壁だ。

明夫君　「0」についてです。0は他の数と同じように，加減乗が自由にできるのに，除法で，「0で割ってはいけない」というのがあるでしょう。この例外が気にくわないんです。

道　博士　ウン。なかなか，いい疑問だよ。では説明だ。

少し遠回しに考えていくから，その途中で，君自身が発見してくれよ，その理由を。

いま，方程式 $3x-2=2x-3$ を次のように解こう。

〔ヒント〕

移項して	$3x+3=2x+2$	
同類項をまとめ	$3(x+1)=2(x+1)$	……分配法則の逆
両辺を同じ式で割って	$3=2$ ？	……両辺に $(x+1)$ がある

明夫君　先生，おかしいですよ。ふつうなら $3x-2x=-3+2$ だから $x=-1$ が答でしょう。

先生は妙な解き方をしますねェ。でもいいみたい。コマッタ！

道　博士　同じ問題なのに，やり方で答が2通り。しかも一方は変な答になった。サテ？　どこがおかしい。

明夫君　答の $x=-1$ は $x+1=0$。

そうか，先生の方は途中で両辺を"**0で割る計算**"でしたね。

第1章 数式と計算の疑問

これがあるので,「禁じ手」にしたわけか。

道　博士　0についての計算規則は6世紀ごろインドのアーリアバータがつくったそうだが,ずいぶん苦労したろうね。たとえば……,君は,次の0についての除法の答はいくつとする？

　① $0 \div a \, (a \neq 0)$　　② $a \div 0 \, (a \neq 0)$　　③ $0 \div 0$

明夫君　何も難しくないでしょう。0は"無いもの"だから,

　① $0 \div a = 0$　　② $a \div 0 = a$　　③ $0 \div 0 = 1$

aを3か5とイメージしてみると,こんな具合かナ？

道　博士　君は,すぐ変な常識で処理するから壁に当たるんだよ。

わからないこと,新しいことにぶち当たったら,「その前の段階に戻って考えること」が大切さ。

この問題では「答がx」と出たとし,掛け算に戻す。

　① $0 \div a = x$　　　② $a \div 0 = x$　　　③ $0 \div 0 = x$
　　 $0 = ax$　　　　　　　 $a = 0x$　　　　　　　 $0 = 0x$

こう考えると,xの値はどうなるかナ？

明夫君　ナ～ルホドね。

①は,$x=0$ ですね。これは簡単。

②は,どんな数も0とかけてaにならないから,こんなxはない。（ふつう,「答なし」**不能**という。）

③は,xはどんな数でもいい,ということですね。（「答は無数」**不定**という。）

道　博士　よしよし。②,③から,「0で割る」ということを除外した理由がわかるだろう。

どんなモンダイ！

(1)　0は偶数か奇数か。また,正の数か,負の数か？

(2)　$\dfrac{0}{0}$ は分数といえるか。また,その値は？

13

② 「素数が無限」であることをどう調べる？

麗子さん　先生！ 1は素数（1とその数しか約数がない数。例えば13。約数は1と13だけである）ではないそうですね。

道　博士　1もまた，0同様。なかなかの曲者でね。

約数の個数	自然数の分類
1つ	1
2つ	素　数
3つ以上	合成数

　　無限にある自然数（正の整数）は，「約数の個数」という観点から，右の3つに分類される。**1だけ特別**だ。

麗子さん　なんで，"素数"という見方をしたのですか？

道　博士　いまから2500年も前の古代ギリシアの数学者ピタゴラスが，偶数，奇数，完全数などといった自然数の性質による分類からこの数を発見したといわれている。彼は宗教家，哲学者でもあり「万物は数なり」の思想から考えたようだね。**"数に生命を与えた"**人さ。

麗子さん　素数のその後は，どうですか？

道　博士　ギリシア300年間の膨大な資料を集大成し『原論』13巻をまとめた紀元前3世紀のユークリッドは，その書の中で，「素数が無限に存在する」ことを証明し，同時代のエラトステネスは『篩』の考えで，素数の選び出し方を考案した。

麗子さん　実は，その無限にあることをどうやって証明したか知りたいのです。

道　博士　素数は，整数を研究するのに重要な数なので，現在もコンピュータを使い，ものすごい桁数の「大きな素数」（現在25万8716桁の素数）を求めているが，未だ「**エラトステネスの篩**」の方法さ。"素数の公式"はガウス（19世紀）も工夫したができていない。

第1章　数式と計算の疑問

麗子さん　じゃあ，公式を発見したら世界的に有名になれる？
道　博士　もちろんさ。フィールズ賞に，文化勲章に，……。
　　それはともかく，その無限への挑戦を考えよう。
麗子さん　どこから手をつけますか？　まずそれが難問！
道　博士　こういう証明は，数学では『背理法』という間接法を使う。
　　つまり，「有限だとする。すると最大素数Aがある。」この仮定をもとに次のように話を進めていくのだ。

　　素数の積に1を加えた数を順に考えると，
　　2×3　　　　　　　　　　$+1=7$　　（素数）　（2, 3で割れない数）
　　$2\times3\times5$　　　　　　　　$+1=31$　（素数）　（2, 3, 5で割れない数）
　　$2\times3\times5\times7$　　　　　$+1=211$（素数）　（2, 3, 5, 7で割れない数）
　　　………………
　　$2\times3\times5\times7\times\cdots\cdots\times A+1=P$　$\begin{cases}①素数　（Aより大きい数）\\②合成数　\begin{pmatrix}素数2～Aでは割\\れない数\end{pmatrix}\end{cases}$

サテ，これからが本論だよ。ヨ～ク話を聞いてくれ。
①　Pが素数とすると，これは最大素数Aより大きいから，仮定と矛盾する。つまり有限ではない。
②　合成数とすると，Pの約数の中にAより大きい素数が存在することになり，Aが最大素数でなくなり，矛盾する。
　いずれにしても，Aが最大素数ではない。これは「素数を有限とした仮定の誤りで，実は無限なのである」と。ドウダ！！

麗子さん　難しい。1回じゃあわからないから，あとでゆっくり考えてみることにするワ。それにしてもユークリッドって頭のいい人ネ。
道　博士　2300年前の人が考えたのだから現代人は負けていられないよ。

┌─ どんなモンダイ！ ─────────────────
│ (1)　なぜ，1を素数の仲間から除外したのか？
│ (2)　『エラトステネスの篩』ってどんなもの？
└─────────────────────────────

3 "聖なる数"ってどんなもの？

明 夫 君 数学の中で**対称形の図形**とか，**幾何学模様**などは「美しい」と思うけれど，"数"の美しさってあるの？

道 博 士 日本の人口が，ある年のある瞬間に

$1^{億}2345^{万}6789$ 人

になるとか，ある特定の数字の並び，たとえば，

平成 11 年 11 月 11 日 11 時 11 分 11 秒

など，この数字の整然とした配列は美しいだろう？

明 夫 君 美しい？

マア，見方によれば，スゴイ！　といえるかもしれませんが……。「だから何だ」ともいえますね。

道 博 士 オイ，オイ，おもしろくないネ。もう少し感動してくれないと，つまらないよ。

それなら，"聖なる数"を紹介しよう。

明 夫 君 いよいよ神秘的な数の登場ですか？

道 博 士 6 は，6＝1＋2＋3 で自分と約数の和とが等しいことから「完全数」とよばれている。ピタゴラスが好きな数だ。その倍数の 12, 24, 36, 60, ……　なども，多くの約数をもつというので，"よい数"とされている。

この中で 36 が "聖なる数" さ。

明 夫 君 「約数に目をつけろ」というのですか？

36 の約数は，1, 2, 3, 4, 6, 9, 12, 18, 36 と 9 つもありますが……。

これではどうっていうこと，ありませんネ。

第1章　数式と計算の疑問

道　博士　では，紹介しようか。
$$36=1+2+3+4+5+6+7+8$$
$$=(1+2+3)^2=(1\times2\times3)^2$$
$$=1^2\times2^2\times3^2=1^3+2^3+3^3$$
どうだい，すごいだろう。

「36計逃ぐるにしかず」というのもあるよ

（江戸時代の画家も36を使った）葛飾北斎 冨嶽三十六景

明夫君　ナルホド。こういうことですか。確かに美しい，というか，よくできている，と感じますね。

道　博士　よしよし，君の"数勘（すうかん）"が芽を出してきたな。ではもう一歩進めようか。

"神の数"365だ。分解してごらん。

明夫君　1年の日数でしょう。
$365=73\times5$。なんだ，つまらない！

道　博士　ところが，見事に分解できるんだ。
$$365=10^2+11^2+12^2=13^2+14^2$$

右の写真はマヤ民族のピラミッドで，形は正四角錐台（すい），階段の数が

$$\underset{各面}{\underline{91^{段}}}\times4^{方面}+\underset{最上段}{\underline{1^{段}}}=\underline{365^{段}}$$

トランプも $(1+2+\cdots\cdots+13)\times4+\underset{ジョーカー}{\underline{1}}_{種類}=365$

どちらも感動ものだね。

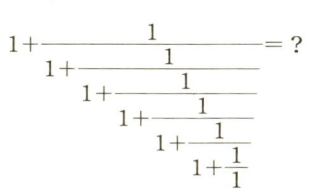

暦のピラミッド（チチェン・イツァ）
——現メキシコ——

―どんなモンダイ！

(1) "神の数"を下の方法で表してみよう。

　① 偶数の平方の和　② 奇数の平方の和

(2) 右の連分数の値（"神の比例"
——15世紀，イタリアのパチオリの命名——）を計算してみよう。
実際は1が無限に続いている。

$$1+\cfrac{1}{1+\cfrac{1}{1+\cfrac{1}{1+\cfrac{1}{1+\cfrac{1}{1}}}}}=?$$

17

4 円周率の計算と，桁数をたくさん求めるわけ？

道　博士　ついに，日本が"世界一の座"を確保したね。

麗子さん　エ！　何の話ですか？

道　博士　なんだい，新聞読んでないの，君は。**円周率桁数競争**で世界一になったのサ。

　　ナント，1兆2411億桁も出し（2002年12月），当分抜かれることはなさそうだ，ということだよ。

麗子さん　『円周率』についての知識がほとんどないので，0から教えてください。"円周と直径との比"でしょうか……。

道　博士　円と人間社会，文化とのかかわりは深いだろう。

　　円の周囲や面積を求めることもずいぶん古くからあったと想像されるね。6000年も前のシュメール（現イラク）では3，その後のエジプトでは3.16（右より）を円周率としていた，という。

　　学問として計算で求めた最初の人は古代ギリシア紀元前3世紀の数学者，物理学者のアルキメデスだよ。

麗子さん　アノ，「浮体の原理」を発見して，街を裸で走った，ストリーキングの元祖の人？

道　博士　円に内接，外接する正多角形をかき，その辺の長さの比から円周率を算出

> 直径9のまるい土地の面積は，9から$\frac{1}{9}$, つまり1を引いて8とし，8と8をかけた64を面積とする

〔参考〕　今流では，
$$4.5 \times 4.5 \times 3.14$$
$$\fallingdotseq 63.585$$
約64　ピタッ！

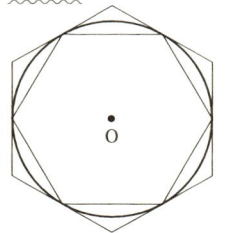

内接・外接正多角形の辺の比

する方法で，3.14 の値を得るのに，正 96 角形まで求めている。

麗子さん　結構，大変な仕事なんですね。その後は？

道　博士　この方法は 17 世紀まで続き，ドイツのルドルフがほとんど一生をかけて，正 2^{62} 角形の計算をして，小数 35 桁まで得た。(これよりドイツでは π を「**ルドルフの数**」とよぶ)

　　実は，この方法がルドルフで最後だったのさ。

麗子さん　では，その後は別の方法ですか？

道　博士　公式を使って計算する時代が続いたあと，20 世紀初めにコンピュータが開発され，ノイマンによって小数 2035 桁が得られている。

　　それ以後，アメリカと日本とで円周率桁数競争が始まったのさ。

麗子さん　それにしても 1 兆 2411 億桁も出して……。こんなに出して何かの役に立つのですか？

道　博士　「そこに山があるから」という有名な登山家の言葉があるだろう。その心理に似ている部分があるかもしれない。実際は，精密機械，人工衛星でも，6，7 桁あればいいというから直接必要ないが，次のことに有効だそうだ。

　　① プログラムの研究開発
　　② コンピュータの性能調査
　　③ 得た数字を「乱数」として用いる，など

── どんなモンダイ！

(1) 円周率の記号 π の語源は？

　また，直径 $2r$ として前ページのエジプトの円周率を求めよ。

(2) 下は円周率を求める公式の 1 つである。

　1673 年，ライプニッツのもので，$\dfrac{1}{11}$ までを計算せよ。

$$\frac{\pi}{4} = \frac{1}{1} - \frac{1}{3} + \frac{1}{5} - \frac{1}{7} + \frac{1}{9} - \frac{1}{11} + \cdots\cdots$$

5　1＝0.99999…の＝はおかしくないか？

明夫君　分数を小数になおすと，無限小数になりますね。

たとえば，

$\dfrac{1}{3} = 0.33333\cdots$　$\dfrac{6}{11} = 0.545454\cdots$

$\dfrac{5}{7} = 0.714285714285\cdots$

など，いろいろなタイプがあります。

道 博士　循環小数というものだね。

一口に"小数"といっても右のように分類される。

小数 { 有限小数 { 見かけ小数 / 有限小数 } / 無限小数 { 循環小数 / 非循環小数 （例）円周率 } }

明夫君　「見かけ小数」って，どんなものですか？

道 博士　① 2.5　　② 身長　　③ 100m走
　　　　　　×　6　　　162.0 cm　　12.0 秒
　　　　　　15.0

など，日常でも目にする小数だね。

このとき，②，③の0は有効数字なので消してはいけないから，ほんとうは「見かけ小数」ではないが……。

明夫君　ところで，小数で一番気になるのが，

1＝0.99999…

です。

＝（等号）にして，いいんですか？

道 博士　厳密にいうと，＝の使い方は大変難しいんだね。君は上の式をどう考えるのかナ。

…の終わりと宇宙の果てとは同じ？

第1章 数式と計算の疑問

明夫君 ＝は間違いで≒（ニァリー・イコール）を使わなくてはいけないと思います。

道博士 これについては，いろいろの説明の仕方があるんだ。

(1) 2つの差を計算して答が0のとき，等しいことから
$$1-0.99999\cdots=0.00000\cdots=0$$

(2) $1=\dfrac{9}{9}$ と考えて，$9\div9$ の計算を右のようにすると，
$0.99999\cdots$

(3) $0.9+0.09+0.009+0.0009+\cdots$ という**無限数列の和**と考えると，初項 (a) 0.9，公比 (r) 0.1 なので
公式 $S=\dfrac{a}{1-r}$ に代入して
$$S=\dfrac{0.9}{1-0.1}=1$$

明夫君 ナルホド。＝でいいんですね。

そういえば $\dfrac{1}{3}=0.33333\cdots$ の＝がいいなら，この両辺に3をかけても，できるんだ。いま気が付きました。

道博士 "燈台下暗し"というわけだったナ。

上の(1)は小学生，(2)は中学生，(3)は高校生向きの説明ということになるだろう。

明夫君 $1=0.99999$ はいけないが，あとに…をつければ＝でいい，となるのですね。

───── どんなモンダイ！ ─────
(1) 数学上で"…"は，どんな使われ方をしているか？
(2) 循環小数の循環する数字の個数(循環節)は，除数より小さいのはなぜか？

⑥ 分数の割算は，どうしてひっくり返すのか？

麗子さん きのうは，体育の時間に，マットの上で"デングリ返し"（前転）をやらされてマイッタワ。

道 博士 君は体育は苦手なの？

麗子さん もちろん！ 小学生のときの鉄棒の回転もできなかったし…。

でもね，こうした回転のとき，いつも分数の割算で「割る分数をひっくり返して掛ける」という計算のルールを思い出すんです。

道 博士 このことも同じように"気にくわない！"というんだろうね。

麗子さん アッタリー！

先生どうしてそんな変なルールがあるんですか？

道 博士 算数・数学では基本的にうまくいくように決めるということをしているのさ。

分数の割算で，割る分数をひっくり返して掛けると「ちゃんとした正答が得られる」から，そう決めている。

今後，数学を学んでいく上で，こうした不思議や一見矛盾らしいことが，いくらでも登場してくるよ。

（注） 次の7,8項を参考

麗子さん じゃあ，"問答無用"，"理由を聞くな！"ということですか？

道 博士 いや，数学はそんなに横暴ではないよ，一応理由はつけられる。しかも，そんなに難しくないよ。

麗子さん では，素直に考えるので教えて下さい。

道 博士 次の3通りがよく知られたものなので，好きなタイプのものを1つぐらい覚えておくといいね。

第1章　数式と計算の疑問

(1) 分数の意味から

$$\frac{3}{5} \div \frac{2}{7} = \frac{3}{5} \div (2 \div 7)$$

$$= \underline{\frac{3}{5} \div 2 \div \div 7}$$
　　　これは×

割る数は分母に
掛ける数は分子に

$$= \frac{3 \times 7}{5 \times 2} = \frac{3}{5} \times \frac{7}{2}$$

(2) 単位の考えから

$$\frac{3}{5} \div \frac{2}{7} \xrightarrow{\text{通分して}} \frac{21}{35} \div \frac{10}{35} \xrightarrow{\boxed{\frac{1}{35}}\text{を単位として}} 21 \div 10$$

$$= \frac{21}{10} = \frac{3 \times 7}{5 \times 2} = \frac{3}{5} \times \frac{7}{2}$$

(3) 1の利用から

$$\frac{3}{5} \div \frac{2}{7} = \frac{3}{5} \div \frac{2}{7} \times 1$$

$$= \frac{3}{5} \div \frac{2}{7} \times \left(\frac{2}{7} \times \frac{7}{2}\right) = \frac{3}{5} \times \frac{7}{2}$$
　　　相殺つまり1

麗子さん　イヤハヤ，ナールホド。上手に考えるものですね，数学者は……。これでひっくり返して掛ける意味がよくわかりました。

道　博士　「ひっくり返した数」をもとの数の**逆数**という。

　もとの数とその逆数との積は1になるね。

〔参考〕　分数の――（横棒）はアラビア人，分子・分母の語は15世紀のシュケによる。それ以前は各民族が独自の方法をとっていた。

> **どんなモンダイ！**
>
> (1) 次の答を求めよ。
>
> 　① $\frac{3}{5} \div \frac{2}{7}$　② $\frac{4}{7} \div 6$　③ $\frac{2}{3} \div \frac{5}{7} \div \frac{3}{8}$
>
> (2) $\frac{2}{7}$ との和が0になる数はいくつか。また，その数をなんというか？

7 (−)×(−)が，ナゼ(＋)になる？

麗子さん (−)×(−)＝(＋)が，どうしてもわからないのですが……。

ある文学者のエッセイに「(−)×(−)＝(＋)を"2回の借金が財産になる"と考え，これがわからず，それを考えているうちに授業が進み落ちこぼれた*!!*」と書いてありましたが。

道　博士 そもそもそれは"**負の数**"の導入で，「負の数とは赤字のこと，借金だ」という説明が強くなされ，中学1年生の白紙の頭にタタキ込まれ過ぎたことから起きた問題だね。

"2回の借金"なら(−)×(−)でなくて，(−)+(−)だから，答は(−)でやっぱり借金さ。

麗子さん アアそうか。2回は＋(和)で，×(積)じゃあないんだ。"2回の借金"の件は，これで一応"一件落着"とするワ。

それにしても(−)×(−)＝(＋)はなぜですか？

道　博士 いろいろな説明方法があるが，一番わかりやすいのが下の累減の方法だろうね。

この方法は，数学ではよく使う考え方なので覚えておくといいよ。

麗子さん たしかに，わかりやすいですね。

他の方法は？

道　博士 だいぶ難しくなるから，頭をスッキリさせてから読むんだよ。

―― 累減の考え ――

$(-3)\times(+2)=-6$
$(-3)\times(+1)=-3$
$(-3)\times\ \ \ 0\ =\ \ \ 0$
$(-3)\times(-1)=+3$
$(-3)\times(-2)=+6$

かける数を1減らすと答は3ふえる

第1章　数式と計算の疑問

矛盾を引き出す

$(+3)\times(+2)=+6$
$(-3)\times(+2)=-6$
$(+3)\times(-2)=-6$

より　どちらか？
$(-3)\times(-2)$

－6　これが答とすると，左と矛盾してオカシイ。よって
＋6

0を活用する

$(-3)\times 0=0$ で，左辺を変形する

まず最初に，左辺で $0=(+2)+(-2)$ とおいて

$(-3)\times\{(+2)+(-2)\}$
$=(-3)\times(+2)\ +(-3)\times(-2)$ 　）分配法則を使う
$=(-6)\qquad\quad +(-3)\times(-2)$ 　）前半を計算する
$=(-6)\qquad\quad +(+6)$ 　）この式を0にするには上の　　は
$=0$ 　　　　　　　　　　　　　　(+6)としないと困る

よって $(-3)\times(-2)=+6$

麗子さん　いろいろ説明法があるものですね。

道　博士　数学的には，矛盾が起きないように定める（**約束する**）ということなのだが，「それでは"身もふたもない"ので，一応それを説明すると，上のようである」というわけだよ。

麗子さん　数学は，つねに**"矛盾をもたない"**ということを大事にしているんですね。

どんなモンダイ！

(1) 身近な日常の具体例で$(-)\times(-)=(+)$が成り立つことの説明は，どうすればいいのか？

(2) $(-)\times(-)\times(-)$ の結果はどうなるか？

8 $a \neq 0$ で $0^a = 0$, $a^0 = 1$。では 0^0 はいくつ？

麗子さん 前に $0 \div 0$ が,「答は無数」(不定) なんて妙なことを教えられたけれど, 0^0 の答はいくつですか？

道 博士 "0の0乗"だね。妙な疑問をもったナ。

そこでまず, この累乗の勉強から始めることにしよう。右に示すように, 基本計算での関係は,

(加法) → (乗法) → (累乗)

というようになっている。

```
─── 省略算 ───
  (加法)           (乗法)
 3＋3＋3＋3  ⟹   3×4
  (乗法)           (累乗)
 3×3×3×3   ⟹    3⁴
```

累乗の計算では, 指数法則というのがあるけれど知っているかナ？

麗子さん $a \neq 0$, $m > n > 1$ とするとき,

$a^m \times a^n = a^{m+n}$　　(例)　$7^3 \times 7^2 = \underbrace{7 \cdot 7 \cdot 7 \cdot 7 \cdot 7}_{} = 7^5$
$\phantom{a^m \times a^n = a^{m+n}\quad(例)\quad 7^3 \times 7^2 } = 7^{3+2}$

$(a^m)^n = a^{m \times n}$　　　　　$(7^3)^2 = 7^3 \times 7^3 = 7^6$
$\phantom{(a^m)^n = a^{m \times n}\quad\quad (7^3)^2 = 7^3 \times 7^3} = 7^{3 \times 2}$

$a^m \div a^n = a^{m-n}$　　　　$7^5 \div 7^2 = \dfrac{7^5}{7^2} = \dfrac{7 \cdot 7 \cdot 7 \cdot 7 \cdot 7}{7 \cdot 7} = 7^3$
$\phantom{a^m \div a^n = a^{m-n}\quad 7^5 \div 7^2 = \dfrac{7^5}{7^2} = \dfrac{7 \cdot 7 \cdot 7 \cdot 7 \cdot 7}{7 \cdot 7}} = 7^{5-2}$

というのが**指数法則**でした。ナントモ, いい公式ですね。

道 博士 よしよし, よく覚えていたね。

文字だけの公式は難しそうだが, 具体例で考えてみると小学生でもわかる,「なんてことない法則」であることが示されるだろう。

麗子さん これで準備万端, というわけですね。

第1章 数式と計算の疑問

まず，0^a ですが，
$$0^a = \underbrace{0 \times 0 \times 0 \times \cdots \cdots \times 0}_{0 \text{が} a \text{個}} = 0$$
でしょう。

a^0 はどうやってつくるのですか？

道　博士　指数法則 $a^m \div a^n$ で，$m = n$ とすると
$$a^m \div a^m = a^{m-m} = a^0$$
$$= \frac{a^m}{a^m} = 1$$
これから $a^0 = 1$

東京駅の **0** 地点
——中央線のもの——

というので，どうだ。

麗子さん　ウマイ！　サーテと，いよいよ 0^0 の答ですね。

道　博士　難問なので，まず，君の考えを聞こうか。

麗子さん　$a \neq 0$ の条件をトッパラって，考えます。

① $0^a = 0$ から，$a = 0$ とすると　$0^0 = 0$
② $a^0 = 1$ から，$a = 0$ とすると　$0^0 = 1$

どちらも正しいと思うのに，答が 0 と 1。困ったナ。

道　博士　そんなものだよ。

うっかり，条件は無視したり，はずしたりすると妙なことが起こる，といういい例だね。

数学上では **0^0** の値(答)は「考えないこと」にしている。

〔参考〕　無限大 ∞ は数でないので，0^∞ や ∞^0 など考えない。

― どんなモンダイ！

(1) $a^0 = 1$ なら $3^0 = 1$，$5^0 = 1$。すると $3 = 5$ か？

(2) $a^m \div a^n$ で，$m < n$ という条件にしたら，どんなことになるのか？　(例) $a^3 \div a^5$

27

⑨ 文字式なんか役に立つの？

明夫君　「文字式や方程式ほど役に立たない数学はない」とよくいわれますが，役に立つことがあるのですか？

道博士　こういわれるのが一番残念で，いやだね。古い数学しか知らない人の言葉さ。

　だって，方程式や不等式は『**線型計画法**』（L.P.）という最先端の数学で重要な働きをしているんだ。役に立たないどころか，現代社会で不可欠なものになっている。これはいずれ紹介する（138ページ）ことにするが，ここでは，文字式が役立つ話をしよう。

　君は「偶数と偶数の和が偶数」ということをどうやって説明するかい。

明夫君　$2+4=6$, $8+12=20$, $30+46=76$, ……，

　みんな偶数同士の和は偶数になりますよ。あたり前のことじゃあないかな。

道博士　君があげた例はたったの3つだ。しかし偶数は無限にあるから，もっと大きな偶数では，「偶数と偶数の和が奇数」となるかもしれない。

明夫君　そんなことありえない！　博士はヒネクレ者ですネエ。

道博士　それでは説得力がないね。

明夫君　じゃあ，どのようにしたらいいんですか？

道博士　ここで文字を使う。

　1つの偶数を $2m$，他の偶数を $2n$ とする。

　（m, n は0か自然数）

　$2m+2n=2(m+n)$

第1章　数式と計算の疑問

$(m+n)$ がどんな数であっても，その2倍なので，$2(m+n)$ は偶数である。

ということで，無限の場合を1つの式 $2m+2n$ で証明できるのさ。

明夫君　オミゴト!!　というものですね。

私も挑戦したいので問題を出してください。

道博士　では，これはどうだ。

「連続する2つの奇数の平方の差は，8の倍数である。」

明夫君　連続した2つの奇数を $2n-1$，$2n+1$ とする。

$$(2n+1)^2-(2n-1)^2$$
$$=(4n^2+4n+1)-(4n^2-4n+1)=8n$$

つまり，8の倍数です。

道博士　よしよし，これで文字式のよさがわかったろう。

（参考）　$a^2-b^2=(a+b)(a-b)$ の公式から求めてもよい。

では，もっと広い応用を考えるよ。

「地球をギュッと巻いた電線に，ある長さの電線を加え，地上 $3m$ の高さの電柱を立てて電線をひくとき，あとどれほどの長さの電線が必要か。」

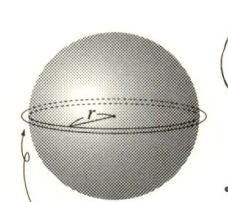

スキ間は $3m$
$2\pi(r+3)-2\pi r$
　$=2\pi r+6\pi-2\pi r$
　$=6\pi$
　$\fallingdotseq 18.84$　　約 $19m$

明夫君　計算（右）しました。意外ですね，電線の追加は少しでいいんですね。それにしても，文字のおかげで，地球の半径が不用でした。

どんなモンダイ！
(1) 文字の使い方がいろいろあるって，どんな使い方？
(2) 文字 a，b や m，n また x，y などの使い分けは？

どんなモンダイ！ 解答

1 「0で割るな！」はナゼなのか？

(1) 0は偶数である。

その理由は，偶数の定義が「2で割ったとき割り切れる（整除という）数」だからで$0 \div 2 = 0$。余りがない。

また，0は正の数でも，負の数でもない。

1が素数にも合成数（非素数）にも属さないのに似ている。

(2) $\frac{0}{0}$ は形の上からは分数といえる。5を$\frac{5}{1}$と書いたら分数と見るのと同じである。では$\frac{0}{0}$の値とは？

いま値をaとすると，$\frac{0}{0} = a$。つまり，$0 = 0 \cdot a$。aはどんな数でもいい。これを不定という。

2 「素数が無限」であることをどう調べる？

(1) 1を素数と認めると，右のように，数を素因数に分解するのに，いろいろに表せて，数学の特徴である"一意性"とか，"形式不易の原理"に反するからである。

$3 = 1 \times 3$
$3 = 1 \times 1 \times 3$
$3 = 1 \times 1 \times 1 \times 3$
……………
…………… 　〕何通りでも表せる

一方，1は約数は自分の数だけなので，合成数（非素数）でもない。

(2) 古来から，砂の中の小石などを選り分ける道具に『篩（ふるい）』というものがある。この選別法の考えを，素数を見つけ出すのに利用したのが，エラトステネスである。

右のような1～100を記した表をつくり，まず，2の倍数を消す。（ふるい落とす。）

次に3の倍数を消す。次は5の倍数，7の倍数を消す。……。

そして残った数を拾い出すと，それが素数。

第1章　数式と計算の疑問

3　"聖なる数"って，どんなもの？

(1) ① 偶数の平方の和

$2^2+4^2+6^2+8^2+10^2+12^2+1$

② 奇数の平方の和

$1^2+3^2+5^2+7^2+9^2+11^2+13^2-90$

(2) 下から順に上へ向けて計算していく。

右より $\dfrac{21}{13} \fallingdotseq 1.62$

（注）この値は有名な"黄金比"である。

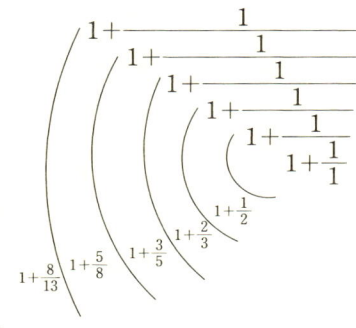

4　円周率の計算と，桁数をたくさん求めるわけ？

(1) 語源は，円周のギリシア語 $\pi\varepsilon\rho\iota\varphi\varepsilon\rho\varepsilon\iota\alpha$ の頭文字から。

エジプトの円周率は $\left(2r-\dfrac{2r}{9}\right)^2 = \left(\dfrac{16}{9}r\right)^2 = \left(\dfrac{16}{9}\right)^2 r^2$

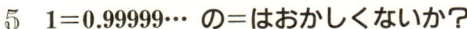

$\left(\dfrac{16}{9}\right)^2$ が π の値で，これは約 3.16 となる。

(2) 与式より

$\pi = 4\left(\dfrac{1}{1} - \dfrac{1}{3} + \dfrac{1}{5} - \dfrac{1}{7} + \dfrac{1}{9} - \dfrac{1}{11}\right)$

$= 4\left\{\left(\dfrac{1}{1} + \dfrac{1}{5} + \dfrac{1}{9}\right) - \left(\dfrac{1}{3} + \dfrac{1}{7} + \dfrac{1}{11}\right)\right\}$

$= 4 \times \{(1.311111\cdots) - (0.567099\cdots)\}$

$= 4 \times 0.744012\cdots$

$\fallingdotseq 2.976048$

（注）分数の数をふやすと 3.14 に近づく。

5　1＝0.99999… の＝はおかしくないか？

(1) 数の場合だけを例にとると

① $2\overline{)7}$
　　　$3\cdots 1$

② $1, 2, 3, \cdots, 9, 10$

③ $2x+5=4\cdots(1)$

(2) $\dfrac{1}{7}$ を例にとると右のようで，余りが 1〜6 の 6 種類だから，循環節は 6 つとなる。

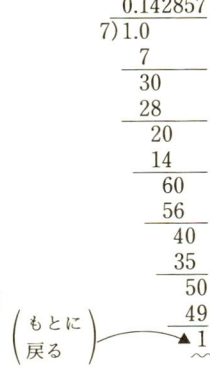

6　分数の割算は，どうしてひっくり返すのか？

(1)　① $\dfrac{3}{5} \div \dfrac{2}{7} = \dfrac{3}{5} \times \dfrac{7}{2} = \dfrac{21}{10} = 2\dfrac{1}{10}$　　② $\dfrac{4}{7} \div 6 = \dfrac{\cancel{4}^2}{7} \times \dfrac{1}{\cancel{6}_3} = \dfrac{2}{21}$

　　③ $\dfrac{2}{3} \div \dfrac{5}{7} \div \dfrac{3}{8} = \dfrac{2}{3} \times \dfrac{7}{5} \times \dfrac{8}{3} = \dfrac{112}{45} = 2\dfrac{22}{45}$

(2)　$\dfrac{2}{7} + x = 0$ より $x = -\dfrac{2}{7}$。反数。

7　$(-) \times (-)$ が，ナゼ $(+)$ になる？

(1)　お風呂に水を入れたり，抜いたり
　　するのを例としよう。

$$\left.\begin{array}{l}\text{水を入れるを}+, \text{抜くを}- \\ \text{いまより後を}+, \text{前を}-\end{array}\right\} \text{と決める。}$$

　　1分間に3ℓずつ水を抜くとき，いまより5分前は $(-3) \times (-5)$ の式
　で，このとき水の量は15ℓ多いことから，$(-3) \times (-5) = (+15)$ となる。

(2)　$(-) \times (-) \times (-) = \{(-) \times (-)\} \times (-)$ と考えると $(+) \times (-) = (-)$。

8　$a \neq 0$ で $0^a = 0$，$a^0 = 1$。では 0^0 はいくつ？

(1)　$a^0 = 1$ は数学上の約束なので，3 = 5 とはならない。

(2)　(例)　$a^3 \div a^5$ から考えると，

$$\left.\begin{array}{l}① \quad a^3 \div a^5 = \dfrac{a^3}{a^5} = \dfrac{\cancel{a} \cdot \cancel{a} \cdot \cancel{a}}{\cancel{a} \cdot \cancel{a} \cdot \cancel{a} \cdot a \cdot a} = \dfrac{1}{a^2} \\ ② \quad \text{公式を使うと } a^3 \div a^5 = a^{3-5} = a^{-2}\end{array}\right]$$ これより $\dfrac{1}{a^2} = a^{-2}$ と定める。

9　文字式なんか役に立つの？

(1)　文字の種類

・用語の略　　(例)　$S = \dfrac{bh}{2}$　面積 S，底辺 b，高さ h

・すべての数(例)　$a(b+c) = ab + ac$　　公式の文字

・定数　　　(例)　比例 $y = ax$ の a　　値が定まっている。

・変数　　　(例)　比例 $y = ax$ で x と y　変化する。

(2)　定まったものではないが，一般的には，次のような使い方をする。

　　　a, b は定数，m, n は数，x, y は変数

第2章 計量と測定の疑問

"計量"にもパラドクスがある!!

原価の1割増しの定価を,1割引きしても,損得ない?

感量の範囲ならジュースを飲んでも体重は増えないよ?

1 なぜ，時間，角度だけ60進法？

明夫君 数のまとめ方としては，

2進法，5進法，6進法，10進法，12進法，そして

24進法，60進法

など，ずいぶんいろいろありますね。

道博士 コンピュータでは0と1だけで数を表す2進法なので，桁数が急速に増えるため，8進法，16進法などを使っている。

それにしても，60進法というのはスゴイな。

明夫君 いつごろの，どの民族がこんなめんどうなのを考えたんですか？

道博士 世界四大文化地の1つ，「メソポタミア」（シュメール民族，現イラク）が採用したもので，この民族は農業民族で，"暦づくり"に『グノモン』という日時計を使ったことによるというネ。

明夫君 1年間を360日としたのですか？

道博士 グノモンでも長期的に観測すれば365日になると思うが，わざと360日としたのかもしれないね。

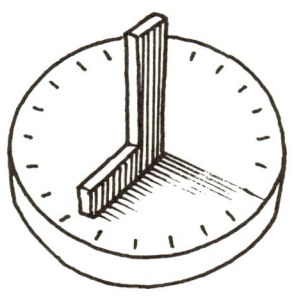

グノモン（日時計）

いまもある庁舎の「掛け日時計」
——ドイツ，ローデンベルク——

明夫君 360日とすると，1日＝1°とし，円の1回転が360°で，コンパスで円をかき，その半径で円周を切ると，ピッタリ6等分できる。

そして，その1つの中心角が60°なんて，スベテうまくいく，ということでしょう。

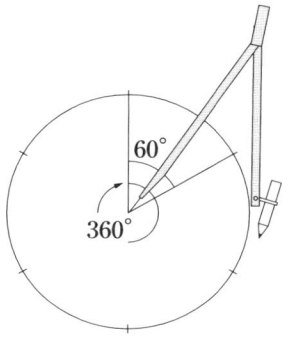

道博士 ナンダ。私の言おうとしたことを全部，言われたナ。ヨシヨシ。

円周は半径で6等分され，中心角は60°

実はもう1つあるよ，"60の長所"が……。

当時は，分数の計算が難問で，特に約分が大変。しかし，60は100までの数の中で，一番約数が多いので，60進法が想像以上に便利だったのだろうね。

明夫君 ところで，19世紀にメートル法制定で，計量関係がすべて10進法に統一されたのに，ナゼ，時間，角度が60進法のままだったのですか？

道博士 いわゆる**度量衡**（長さ，かさ，重さ）は当時，国によってまちまちだったが，

　① 時間，角度の単位は同じだったこと
　② "地球と一体"という，しっかりした基準があったこと

などにより，そのまま60進法であったという。

―― **どんなモンダイ！** ――

(1) 60の約数はいくつあるのか？
(2) 後世のギリシアでは，右の平行四辺形にある薄墨図形をグノモンとよんだ。さて，図でPとQの面積は等しい？

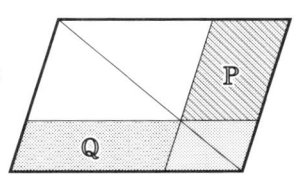

2 『メートル法』制定の必要性は？

麗子さん いよいよ，1999年1月から西欧11ヵ国で共通通貨『ユーロ』が試験的に実施される，という時代が来ましたね。

道 博士 "欧州通貨統合"ということによって，『ユーロ』を使う人口約3億人が便利な思いをする，というね。

「欧州の統一市場は，単一通貨の誕生で，人，物，資本がより自由に動けるようになり，労働市場の流動化や企業の再編が進む」といわれている。

麗子さん 『メートル法』が制定されたときも，こんな大騒ぎだったんでしょうかネ。

道 博士 1875年5月，フランスの提唱にドイツ，イギリス，アメリカなど16ヵ国が賛同して，メートル条約である万国度量衡同盟を組織し，加盟国で経費を共同で負担した，という。

イギリス，アメリカが参加している点で，メートル法の方が規模が大きいね。

麗子さん メートル法を制定しようとしたきっかけは何ですか？

道 博士 たとえば当時の長さの基準であった"1フット"（フィートは複数）に対する欧州各国の長さは下のようでまちまちだった。（現在は30.5 cm。）

麗子さん 同じ1フットといいながら，エジプトはフランスより6 cmも短いんですね。

これじゃあ商売で困ったでしょう。

1フットの長さ	
エジプト	26.2 cm
ギリシア	30.8 cm
ローマ	29.6 cm
フランス	32.5 cm

第 2 章　計量と測定の疑問

道　博士　世界地図を見てわかるように，フランスは欧州のほぼ真ん中に位置していて，周囲の多くの国と通商があり，一番"度量衡"で困った国だったのだろうよ。

　1790 年に外交官タレイランが国会に提案，国会はフランス学士院に要請，そして学士院は 7 人の度量衡設置委員を任命した。（7 人中 4 人が数学者。）

　まず**"長さの単位"**として「地球の子午線の 4 千万分の 1」を得るため，フランスのダンケルクとスペインのバルセロナの距離を 7 年間（途中，革命で中断）かけて求め，メートル原器をつくり，1799 年 6 月にフランス国会へ提出した。

麗子さん　そして，やっと 1875 年メートル条約ができたのですか。

パリ効外サン・クル公園内『国際度量衡局』

メートル原器とキログラム原器
── 直接，著者が贈与された写真 ──

〔参考〕　"小数"創案者 16 世紀のステヴィンは，300 年前に「メートル法」のアイディアをもっていた。

━━ どんなモンダイ！ ━━
(1)　国会提出からメートル条約まで 90 年近くかかったのはナゼか？
(2)　現在，「メートル原器」は基準に使われていないというが……？

3 グリニッジ天文台が経線0°のわけ？

明夫君 地球の場合，緯線の"赤道"は唯一，異論のない絶対的なものですが，経線では，"これ"という基準のものがありませんね。

道 博士 民族や国単位では，中国で有名な『鼓楼（ころう）』『鐘楼（しょうろう）』が代表するように，"時刻"を知らせる制度がずいぶん古くからあったね。

しかし，人間の行動範囲が広くなってくると，交易，通商などで民族，国を越えた**共通時刻**が必要となってくる。

決定的なものが，15世紀以降の西欧の大航海時代だろうね。何しろ，これに参加した国が，順に

　　1期　イタリア（コロンブスなど）
　　2期　スペイン，ポルトガル
　　3期　イギリス，オランダ
　　4期　フランス，ドイツ
　　5期　ロシア

というのだから……。

明夫君 西欧の先進国の"ソロイブミ"といったところですね。スゴイ！

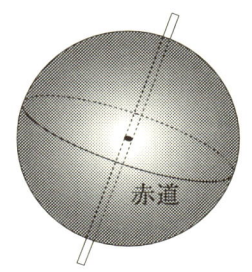

"赤道"は緯線の基準

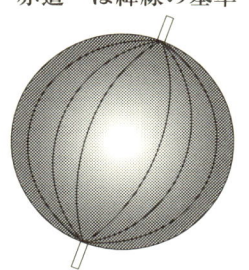

経線ではどこを基準とする？

中国，西安の有名な鼓楼

第 2 章　計量と測定の疑問

道　博士　地理的にいえば，**経線の基準**，つまり 0°は，どこに置いても
　　　　　いいんだが，「世界統一の時刻の場所」ということになると，是
　　　　　非自分の国を！！　ということになるだろうね。
明夫君　それが問題になったのが，17 世紀ごろでしょう。
　　　　　当時の大国はスペイン，ポルトガル，イギリス，フランスなどで
　　　　　すね。
道　博士　最終的には，次の 2 つとなった。
　　　　　　イギリス——1676 年，チャールズ 2 世創設のグリニッジ天文台
　　　　　　フランス——1685 年，ルイ 14 世創設のパリ天文台
　　　　　1884 年，世界 25 ヵ国が参加し，万国子午線会議をワシントンで
　　　　　開き，投票の末 22 対 3 でイギリスに決定した。
明夫君　その 10 年前に，フランスの『メートル法』が採用されたの
　　　　　で，次はイギリス，となったのか，世界一の海運国で世界中に植民
　　　　　地，属国をもっていたからか，でしょうね。

経線 0°の白線

◀グリニッジ天文台 ——— 1998 年まで博物館 ———

― どんなモンダイ！ ―
(1)　大航海時代に参加したのが，一斉でなかった理由？
(2)　経線 0°の反対側の日付変更線 180°がなぜ折れ線なのか？

4 ティッシュで高さが測れるという方法？

麗子さん 小学生以来，コンパスと2枚の三角定規にお世話になっていますが，直角二等辺三角形の定規は利用価値がありますね。

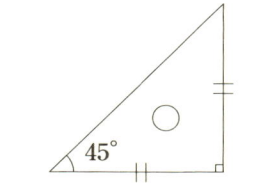

道 博士 三角定規は，正方形と正三角形の半分の形で，よく工夫された道具だ。

いま，話に出た，直角二等辺三角形では，その45°が役に立つのさ。

麗子さん 45°という角度は，

- ボールが一番遠くに飛ぶ
- ヨットが向かい風で進むときの帆の立て方
- 竹などを刀で切る角度

など，社会で有用だそうですね。

道 博士 45°を測量に使った最初の人は2600年も前のギリシアの商人で数学者のターレスだ。

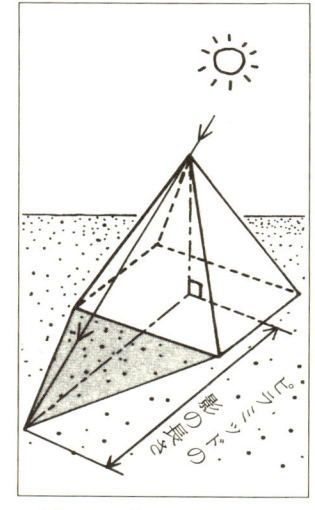

ピラミッドの高さを測る

商用でエジプトに行き，すぐれた『**測量術**』に感動して，ここで勉強したのだけれど，ある日王様のお供をしてでかけたとき，王様が家来に「誰かピラミッドの高さを測れ」と命じたが，誰一人測れる人がいなかった。

麗子さん 斜面なので，測りようがないからでしょうね。

第2章 計量と測定の疑問

道　博士　ターレスは太陽の光線の角度45°を利用して、ピラミッドの高さを測った（別伝説もある）という。
　　　　　どうやったと思う？
麗子さん　前ページの図で、太陽の高度が45°のとき、ピラミッドの影の長さを測り、それを高さとしたのでしょう。
　　　　　直角二等辺三角形の利用ですね。スゴイナー、ターレスさんは。
道　博士　日本の江戸時代に寺子屋の算数教科書『塵劫記』(じんこうき)（134ページ）の中でも、高い木の高さを測るのに、鼻紙1枚で求められる方法が、下の右図のように説明されている。
　　　　　著者、吉田光由(みつよし)も「オヌシ、やるな！」というところだね。あとで、実際にティッシュを使ってやってごらん。

江戸時代のいろいろな概測法

（別法）

伸ばした腕の指利用法

┌─ **どんなモンダイ！** ─────────────
│　(1) 太陽が45°でなかったり、曇天だったりしたら、どうやってピラミッドの高さを測ったのか？
│　(2) 鼻紙で測るときの注意事項は？
└──────────────────────────

41

5 富士山頂から見える距離は？

明夫君 日本一高い山の富士山は3776mでしょう。

この山頂から、晴天だとどの辺まで見えるんでしょうね。

道博士 興味深いことを考えたね。それはそうと、君は富士山に登ったことがあるの？

明夫君 ありません。

道博士 日本人としては、一度は登頂してみる必要があるよ。日本アルプスとか、どこそこの山脈などとちがい、山が1つで、周囲をさえぎるものがないから、展望は抜群だ。

ただ、私の体験からは、頂上からの景色が下に見おろせる、というものではなく、景色が屏風のように目の前に立って見えた印象が残っている。

「かげろう」や「しんきろう」のような現象だったのかもしれないね。空気の密度とか、なんとかで。

明夫君 そういうものですか？

じゃあ、静岡の海まで見えたということはなかったんですね。

道博士 マア、それはそれとして……。

数学上の理論で、計算から、どこまで見えるかを出してみるのもおもしろいから、やってみてごらん。

第2章　計量と測定の疑問

明夫君　富士山頂を点Pとし，Pから地球への接点をTとする。

$$\triangle PTQ \sim \triangle PRT$$

（2角が等しい相似）

これから，$\dfrac{PT}{PQ} = \dfrac{PR}{PT}$

よって，$PT^2 = PQ \cdot PR$

$= 3.776 \times (3.776 + 6378 \times 2)$

$= 3.776 \times 12759.776$

$\fallingdotseq 48181$

∴　$PT \fallingdotseq 219.5$　　約 220 km　となりました。

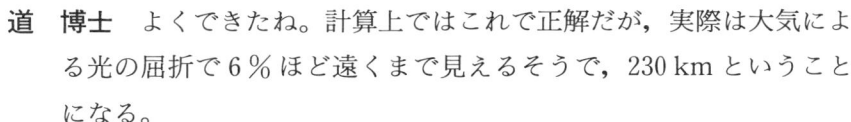

道博士　よくできたね。計算上ではこれで正解だが，実際は大気による光の屈折で6％ほど遠くまで見えるそうで，230 km ということになる。

　どの辺までか地形図で調べてごらん。

　さて，ここで応用問題を出そう。

　「人口衛星は地球の接線へ秒速 8 km の速さで打ち上げる」ことの理由を右の図から考える。

　いま，秒速 v km とし，1秒に約 5 m 落下するから，三平方の定理で右の式ができる。

　v を求めてごらん。

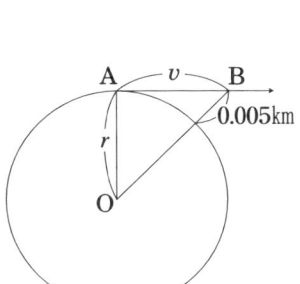

$r^2 + v^2 = (r + 0.005)^2$
$r = 6378 \text{(km)}$
とすると，v ? (km)

── どんなモンダイ！ ──

(1)　地上 333 m の東京タワーから，どれだけ見えるのかな？

(2)　上の v は，ほんとうに 8 になるの？

⑥ 三角比の記号 sin はどこから生まれた？

麗子さん　中学3年のとき，**新しい数**の記号として $\sqrt{\ }$（ルート）を学びましたが，高校1年では三角比でsin，cos，tan というややこしい記号がでてきました。

　　これは何なのですか？

道　博士　まずは，その記号以前から話を進めよう。

　　人間は太古から，
　　・星などの天文観測
　　・農地などの測地
　　・遠方までの測定（右）

ということで，これらの距離の測り方を工夫してきたね。

麗子さん　右の測定はいつごろのものですか？

（図1）　海岸から船までの距離

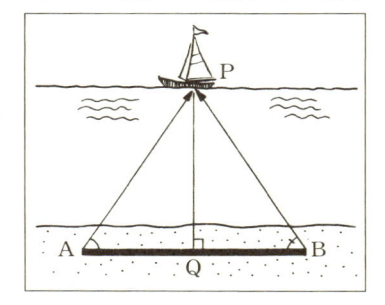

（図2）　2つの島 P，Q の距離

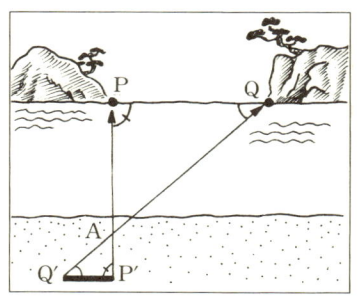

海岸から2島間の測定

道　博士　ナント，2600年も前の古代ギリシアの数学者ターレス（40ページ）によるもので，三角形の相似を上手に使っている。

　　天文学にも通じていて，彼の逸話の1つに，夜空を見て歩いていてドブに落ち，近くにいた老母から，「空を見るより足元を見て歩きなさい」と注意された，というものがある。

　　また，紀元1世紀前後に多数の天文学者が出ているよ。

麗子さん　三角比は，三角形の角と辺の関係ですね。

第2章 計量と測定の疑問

道　博士　中国でも紀元前2世紀ごろ『周髀算経』，紀元3世紀ごろ『海島算経』など測定の本があり，インドは天文学の国なので，ずいぶん古くから三角形の利用の研究が進んでいるよ。

（注）　周髀とは周時代の日時計で，髀は垂直に立てた棒。

　　　ところで，三角比の関係を覚えているかい？

麗子さん　入口のところはね。これでしょう。

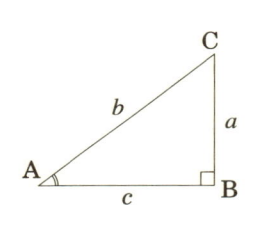

〔覚　え　方〕

$\sin A = \dfrac{a}{b}$　　*s* より

$\cos A = \dfrac{c}{b}$　　*c* より

$\tan A = \dfrac{a}{c}$　　*t* より

道　博士　10～13世紀のアラビアで三角比が大発展したが，これはギリシア，インドの研究を進めたものだ。

　　sin の歴史は古く，「正弦 (sin) の表」は古代文化民族はたいていつくっている。tan は『グノモン』(34ページ) から誕生するから，これも古いが，tangent の語は16世紀のことで，"三角比の記号" は17世紀のオイラーの作だよ。

──　記号 sin の歴史　──

インド語　$\begin{cases} djya \text{（弦）} \\ jiva \end{cases}$

アラビア語　jaib　　　入江・谷間の意味

ラテン語　sinus

英　語　　sine (17世紀)

cos は *co-sine* の略記で，*co* は補足の意味

── どんなモンダイ！ ──

(1)　ターレスは，あの2つの図（前ページ）から，どうやってそれぞれ PQ の距離を求めたか？

(2)　tan とグノモンの関係とは？

7 曲線図形の面積の求め方は？

明夫君 図形の面積を求める（求積という）ことは，世界四大文化がすべて農耕民族であったことから，ずいぶん古い歴史があるんですね。

道 博士 中国の古書には，
　　方田（正方形），直田（長方形），
　　圭田（二等辺三角形）
など，図形の名に"田"がついていることからもそれがわかるよ。

明夫君 正方形，長方形，三角形は「面積の公式」があるので，すぐ面積が求められるが，不等辺多角形や円など，分解して求めるわけですね。

道 博士 結局，曲線図形の求積の問題は，
　・直線で囲まれた図形
　・曲線でも円や楕円（だえん）
　　　　　　　　　　　　　　　｝など
を除いた"不規則な曲線で囲まれた図形"が，古来から難問とされたのだね。
　たとえば，右の「ひょうたんのような形」では，短冊（たんざく）に分解して面積を求めている。

明夫君 求積の歴史は長いんでしょうね。

道 博士 ちょっとまとめると右ページの表

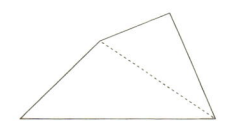

三角形に分解

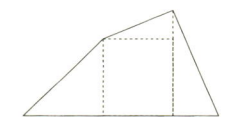

三角形と長方形に分解

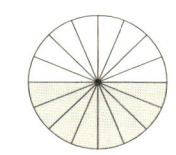

おうぎ形を交互に組み合わせ，長方形にする

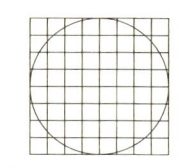

方眼のマスの完全と不完全を数える

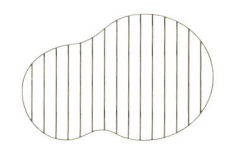

短冊の一つ一つを長方形として求積し加える

第 2 章　計量と測定の疑問

古代ギリシアの数学界は理論追求なので盛んだったが，後継の
- ローマは実用重視だけ
- 中世ヨーロッパはキリスト教による「科学暗黒時代」で不振

一方，
- インド，アラビアは代数中心で無関心

などということで求積法は長く空白になり，17 世紀にようやく完成した。

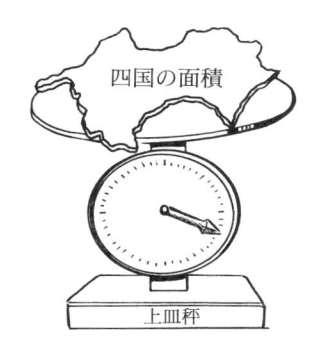

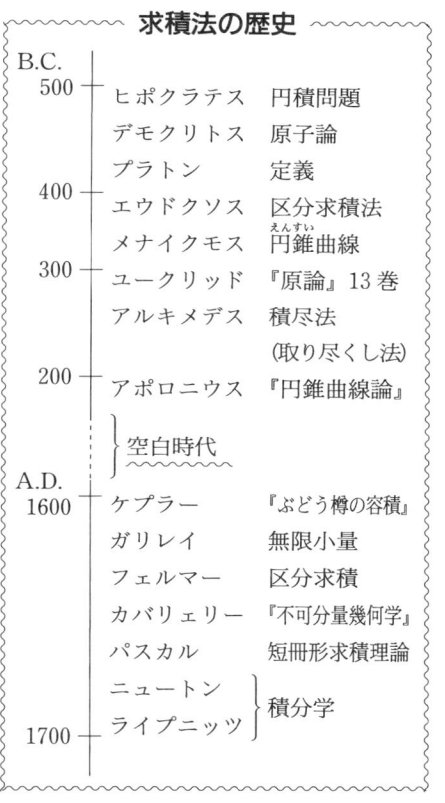

求積法の歴史

B.C. 500	ヒポクラテス	円積問題
	デモクリトス	原子論
	プラトン	定義
400	エウドクソス	区分求積法
	メナイクモス	円錐曲線
300	ユークリッド	『原論』13 巻
	アルキメデス	積尽法（取り尽くし法）
200	アポロニウス	『円錐曲線論』
	空白時代	
A.D. 1600	ケプラー	『ぶどう樽の容積』
	ガリレイ	無限小量
	フェルマー	区分求積
	カバリェリー	『不可分量幾何学』
	パスカル	短冊形求積理論
1700	ニュートン／ライプニッツ	積分学

求積の基本 { ・原子論の発想
　　　　　　・無限，極限の考えの導入

〔参考〕

四国の面積　上皿秤　10 cm² の厚紙　単位

（四国を秤にのせてどうするの？）

――― どんなモンダイ！ ―――
(1) 『ぶどう樽の容積』とはどんな話？
(2) 上の "上皿秤" を使う「求積法」はどうするの？

8 図形での"2倍"の作図はどうする？

麗子さん 図形の勉強では"類推"ということが多いですね。

三角形でできた，次は四角形，五角形，……ではとか，あるいは，平面でもつ性質が，立体でもあるか，など。

道　博士 そうだね。算数・数学は，次の2つの「発見の方法」

　　類推（類比推理）と**帰納**

で，どんどん創造し，発展させてきている。

麗子さん そういう意味では，まず"2倍"という相似の第1歩も重要なことですね。

道　博士 いいことに着目した。早速，挑戦してもらおう。

次の2つの基本図形を2倍にしてごらん。

① 線分　　　　　　　② 角

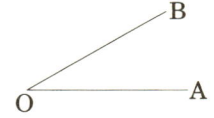

麗子さん 当然，コンパスと定規だけでしょう。

① ABをBの方に延長し，AX上に AB＝AC となる点Cをとる。

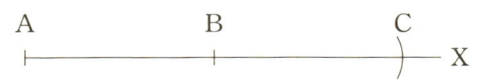

② Oを中心，適当な半径で円をかき半直線OA，OBの交点をP，Qとする。

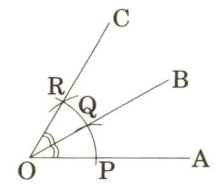

コンパスでPQの長さをとり，この長さでQRとなる点Rをとり，O，Rを結び，OCをつくる。

（注）本来作図では定規でなく，目盛りのない「定木」を使う。

第 2 章　計量と測定の疑問

道　博士　結構。では平面に進もう。
　　　　　正方形と正三角形の 2 倍だ。

麗子さん　簡単ですね。

　　③　正方形　　④　正三角形

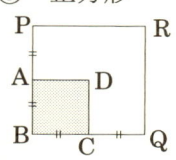

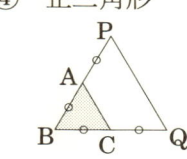

―― 息抜き話 ――
1 秒間に 2 倍にふえる
バイ菌が，いま容器の
半分ある。次の 1 秒で
どれだけ
ふえるか？

道　博士　マテ，マテ，これはどちらも 4 倍じゃあないか。
　　　　　数学で "2 倍" といえば面積が 2 倍のことさ。
　　　　　では再挑戦！

麗子さん　そうか，困ったな。(相似比)²＝(面積比) だから，2 倍とは
　　　　　$\sqrt{2}$ 倍のことですね。では，と。

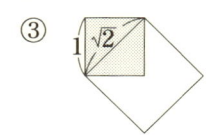

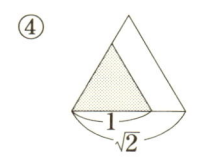

　　③　　　　　　　　　④

道　博士　ハーイ，よし。次は立体で，立方体と球だ。

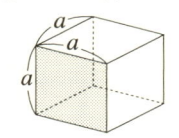

　　⑤　立方体　　　　⑥　球

麗子さん　定木，コンパスでできるんですか？

　（注）　上の息抜き話，1 秒後は満杯になる。

―― どんなモンダイ！ ――

(1)　長さ 1 に対する $\sqrt{2}$ の長さの作図はどうする？
　　　また，$\sqrt{3}$，$\sqrt{4}$，……の長さのつくり方は？

(2)　上の⑤，⑥の場合の 2 倍の作図はどうする？

⑨ ベクトルでは「1辺と2辺の和とが等しい」?

明夫君 世の中の日常生活では，"数学の世界"の $1+1=2$ なんてキレイな関係が成り立たないことがありますね。

道博士 エェ〜，そうかい。たとえば？

明夫君 身近なところで，こんな例があります。

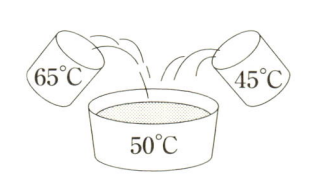

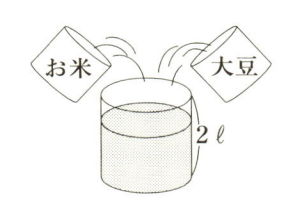

$65°+45°≠110°$
同じ量なら平均の温度になる。

$1ℓ+1ℓ≠2ℓ$
お米は大豆のすき間に入り，かさは減る。

道博士 ナールホド，よく考えたね。

じゃあ，私の方も1つ出すかね。こんなのどうだ。

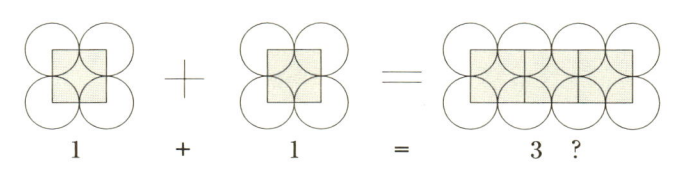

1 ＋ 1 ＝ 3 ?

明夫君 考えてみると数学の世界でもありました。ベクトルですけれど……。

　右の図では
$\overrightarrow{AB}+\overrightarrow{BC}=\overrightarrow{AC}$
　$1 + 1 ≠ 2$

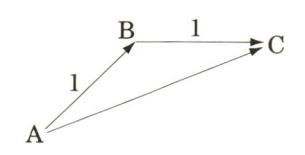

第 2 章　計量と測定の疑問

道　博士　ベクトルではいいが，一般の三角形だと右のように，辺の間では大小関係になるね。これについては有名な伝説がある。

　　文豪，菊池寛が「**数学とは，つまらないことを考える学問だ。**"三角形で，2辺の和が1辺より大"などを証明しているが，これは犬だって知っていて近道をしている」と。

明夫君　ごもっとも，と思いますね。でも証明といわれると難しそうですね。

道　博士　"**あたり前のこと**"**の証明**というのは，一般には難問なんだ。

　　マア，ゆっくり右の証明を読み，納得してくれよ。

明夫君　わかりました。

　　ただ，ほんとうは上の定理も証明する必要があるんでしょう？　やってみます。

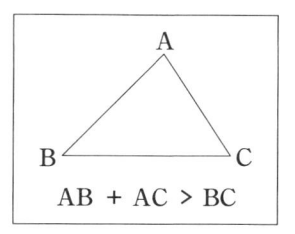

$AB + AC > BC$

（注）　辺 BC は 2 点 B，C の最短距離といえる。

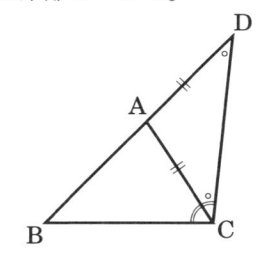

- 定理 -

三角形で，大きい角に対する辺は，小さい角に対する辺より大きい。

〔証明〕　上の図と定理から
　　$BA + AC = BD$
　　BD に対する角 $\angle BCD$
　　BC に対する角 $\angle D$
ところで $\angle BCD$ は
　　$\angle BCD = \angle BCA + \angle ACD > \angle D$
よって，上の定理より　$BD > BC$
　　∴　$AB + AC > BC$

─ どんなモンダイ！ ─

(1)　$1 + 1 = 2$ でない他の例にどんなものが？

(2)　菊池寛には，なんて返答すればいいの？

どんなモンダイ！ 解答

1 **なぜ，時間，角度だけ60進法？**

 (1) 60の約数は，下の12個ある。
   1，2，3，4，5，6，10，12，15，20，30，60

 (2) 直接，2つの面積が等しいことを証明しない。

   △ABC≡△ADC

   ところで，

   △ABC＝Ⓐ＋ⓠ＋ⓒ
   △ADC＝Ⓑ＋ⓟ＋Ⓓ 　ここで Ⓐ≡Ⓑ，ⓒ≡Ⓓ

   よって ⓠ＝ⓟ （合同ではない）

2 **『メートル法』制定の必要性は？**

 (1) 一言でいえば，新しい制度になじめない人々が多かったからで，これは『メートル法』だけに限らない社会現象。フランスでは1799年制定。普及が遅いため1840年に強制決定している。日本では1959年にメートル法に統一（強制使用）し，尺貫法使用を禁じたとき，反対運動などがあった。

 (2) 原器は金属なので温度やごみで"くるい"が出たりするため，不変一定のものを長い間かかって求めた。

   （原器）→（光の波長）→（光の速度）

   いまは，"光が真空中を2億9979万2458分の1秒間に進む距離"と定義している。現在，キログラム原器に代わるものを研究中。

3 **グリニッジ天文台が経線0°のわけ？**

 (1) 大航海に臨むには，相当の費用がかかるので国費でないと無理だった。そのため，国内が戦争，内乱，不穏な状態では参加できず，国内の安定した順が，参加順になった。

 (2) 日付変更線上に島があるとき，そこを避けてつくったため。

第 2 章　計量と測定の疑問

4　ティッシュで高さが測れるという方法？ 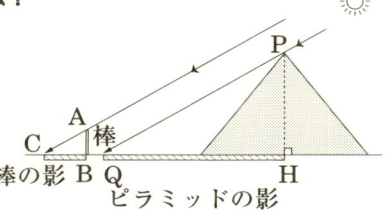
(1)　近くに棒を立てると
$\triangle ABC \backsim \triangle PHQ$
よって，
$$\frac{AB}{BC} = \frac{PH}{HQ}$$
AB，BC，HQ の長さは求められるので，
$$PH = \frac{AB}{BC} \times HQ$$
からピラミッドの高さが得られる。
(2)　①　紙の直角三角形の底辺を，地面と平行にすること
　　　②　自分の目の高さまでの長さを加えること

5　富士山頂から見える距離は？
(1)　富士山の 3.776 km を 333 m に代えて計算する。
　　43 ページの $PT^2 = PQ \cdot PR$ より
　　$PT^2 = 0.333 \times (0.333 + 6378 \times 2)$
　　　　　$\fallingdotseq 4247.86$
　　$PT \fallingdotseq 65.2$（負はとらない）　　約 65.2 km
(2)　$r = 6378$ を代入すると $v^2 \fallingdotseq 64$ で $v = 8$（負はとらない）

6　三角比の記号 sin はどこから生まれた？
(1)　どちらも相似形を利用する。
　　（図 1）　AB を長さが 100 m のとき 10 cm に縮小して，$\triangle PAB$ を作図
　　　　　　したのち，高さ PQ の長さを求める。これを 1000 倍すると海岸
　　　　　　から舟までの距離（PQ）が求められる。
　　（図 2）　$\triangle APQ \backsim \triangle AP'Q'$ より，$\triangle AP'Q'$ の縮図から P'Q' を求め，
　　　　　　その倍率で PQ を求める。ただし，$\angle P = \angle P'$ と
　　　　　　AP，AP' の長さがわかっているものとする。 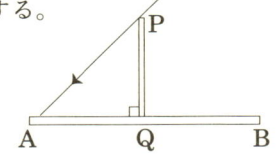
(2)　右の図の $\triangle PAQ$ で，$\tan は \dfrac{PQ}{AQ}$。
　　図の AB はグノモンの板，PQ は棒。

7 曲線図形の面積の求め方は？

(1) 17世紀ドイツのケプラーは，貧しい酒場の子として生まれ，幼いころから，父親のぶどう酒の売買を目にしてきたが，やがてぶどう樽の正しい容積の求め方に関心をもつようになった。

姉が，彼の数学的な才能を見出して学校へいかせてくれ，その結果，大数学者になったが，その研究の1つに，子供時代からふしぎに思った『ぶどう樽の容積』がある。ガリレオと親しく天文学者としても有名。

(2) 10 cm² の厚紙の重さを測定し，同じ厚紙でつくった四国の面積の重さが，その何倍かということから，面積を求める。── 関数の利用 ──

8 図形での"2倍"の作図はどうする？

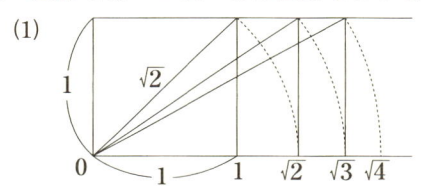

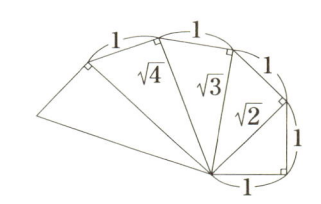

(1)

(2) ⑤の体積の2倍は $a^3 \to 2a^3$ なので，1辺は $\sqrt[3]{2}\,a$。

⑥の体積の2倍は $\frac{4}{3}\pi a^3 \to \frac{8}{3}\pi a^3$ なので，半径は $\sqrt[3]{2}\,a$。

$\sqrt[3]{2}\,a$ は定木，コンパスではつくれない。

9 ベクトルでは「1辺と2辺の和とが等しい」？

(1) 警官の巡回や2人で物を運ぶ，などのようなペアの仕事や作業（1人の2倍以上の仕事ができる）

(2) 「世の中では"あたり前"と思われることを論理的に，説明するのが重要だ」と伝える。

（参考） 5000年前のシュメールの $\sqrt{2}$（粘土板）

第3章 図形と証明の疑問

1 「作図法」がナゼ古代エジプトから始まった？

明夫君 図形を描く「作図」というのは，エジプトのナイル河の河畔(かはん)から生まれたっていいますね。

道 博士
① 毎年のナイル河の大洪水
② 氾濫(はんらん)と上流からの肥えた土
③ 農耕地の区画の復元
④ 測量による回復の努力
⑤ 専門測量師，『縄張師』誕生

という経過で作図が技術化されたが，この話の基礎として，まずエジプトの歴史をまとめてみよう。

エジプト先史は「ナカダ文化」(★)で，王朝時代は，全部で30王朝まで続いた。

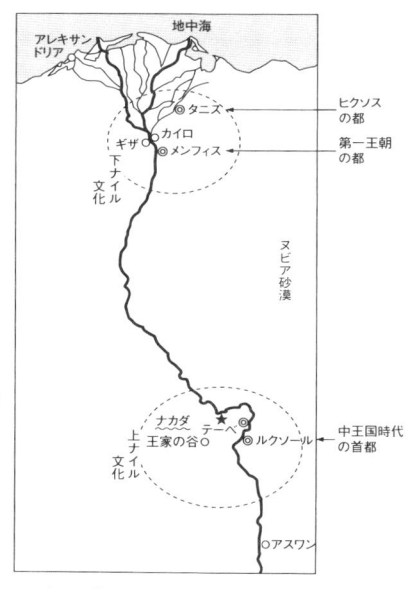

〔参考〕 第3～6，12，18，26王朝が盛期。

古代・エジプト史

- (1) **新石器時代** （B.C. 5000～B.C. 3000 年） ——ナカダ1～3期時代——
- (2) **初期王朝時代** （B.C. 3000～B.C. 2650 年） ——ティス時代——
- (3) **古王国時代** （B.C. 2650～B.C. 2155 年） ——ピラミッド時代——
- (4) 第1中間期 （B.C. 2155～B.C. 1991 年）
- (5) **中王国時代** （B.C. 1991～B.C. 1650 年） ——神殿，葬祭殿——
- (6) 第2中間期 （B.C. 1650～B.C. 1550 年） ——ヒクソス時代——
- (7) **新王国時代** （B.C. 1550～B.C. 1200 年） ——ツタンカーメン——
- (8) 後期王朝時代 （B.C. 1200～B.C. 332 年）

第3章 図形と証明の疑問

明夫君 おもしろい,「ナカダ」が最古の文化地ですか？

道博士 エジプトのナイル河畔には,紀元前8000年,つまりいまから1万年ほど前に農耕生活が始まった,という。

上ナイルとナカダ近くには"金"が出たので,ここは「金の町」ともいわれたが,ここの2000年間に世界最初の文化が築かれた。

明夫君 博士は,ここを探訪されたのですか？

道博士 行くつもりで旅行社にお金まで払ったのに,1997年11月にその近くの「王家の谷」でテロにより日本人10人を含め観光客ら60人が射殺されたので中止。時期がズレていたら危ないところだったよ。

明夫君 『縄張師』の作図技術は高かったのですか？

道博士 測量器具といえば,杭と縄だけで,正確な作図をしたのだからすごいね。これについては後で詳しく語ることになると思うが……。

杭と縄だけで,**平行線,垂線**をつくる方法をいってごらん。

明夫君 次のように,作図すればいいんですね。

平行線　　　　　　　　　垂線

─ **どんなモンダイ！** ─

(1) 世界最古の数学書『アーメス・パピルス』は左の年表のいつの時代に書かれたのか？

(2) 上の平行線,垂線の作図法が正しいことはどう説明するか？

2 作図法から"図形証明の学問"への道?

麗子さん エジプトの縄張師による"作図法"が,なぜギリシアで論証の学問になったのですか?

道 博士 前(44ページ)で話したように,商用でエジプトに行ったギリシアのターレス(紀元前6世紀)は,エジプトの進んだ「測量術」を勉強し,故郷ミレトスに帰ったあと,この作図法を学問の形,つまり"論証"という柱でまとめたのさ。

麗子さん たとえば,どんなものですか?

道 博士 『ターレスの定理』といわれているものを示そうか。

> 1 対頂角は等しい。
> 2 二等辺三角形の両底角は等しい。
> 3 三角形は,1辺の長さとその両端の角の大きさがわかると決定する。
> 4 2組の角の大きさがそれぞれ等しい2つの三角形で対応する辺は比例する。
> 5 円は直径によって二等分される。
> 6 直径を1辺とする半円に内接する三角形の角は直角である。

以上だよ。

1〜6を証明できるかい?

麗子さん その前に,"定理"というのは何ですか?

道 博士 「証明された命題(問題)のうちで,今後,しばしば用いるものについてつけられた命題」

つまり,"確かなことが認められた土台"ということだね。

第3章 図形と証明の疑問

麗子さん 証明ですが，まず図にしてみますね。

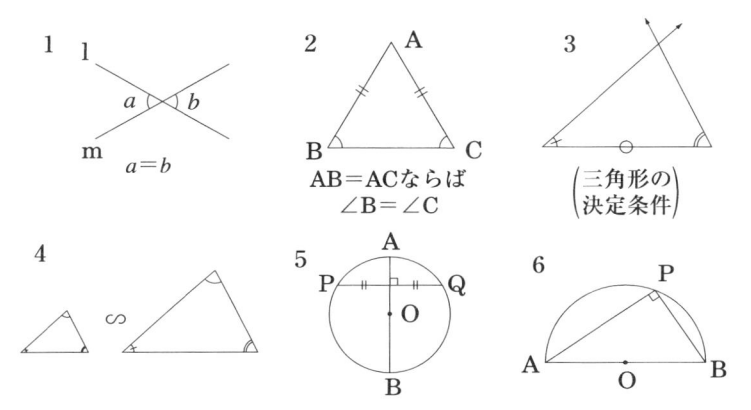

1 直線 l, m が交わって $a = b$

2 △ABC で AB＝AC ならば ∠B＝∠C

3 三角形の決定条件

4 相似な三角形

5 円Oで弦PQ，A は中点

6 半円と円周角 ∠APB

道 博士 この際，ターレスの研究を継承した，ピタゴラスの考えによる定理を紹介しよう。

> 1 三角形の内角の和は2直角に等しい。
> 2 直角三角形の，直角をはさむ2辺の平方の和は，斜辺の平方に等しい。（三平方の定理）
> 3 多角形は，それと面積の等しい三角形にすることができる。
> 4 平面上の1点のまわりを正多角形でおおうことができるのは，正三角形，正四角形，正六角形だけである。
> 5 正多面体は，正四面体，正六面体，正八面体，正十二面体，正二十面体の5種類しかない。

1〜4はやさしいが，5がちょっと難しいかナ。

── どんなモンダイ！ ──
(1) ターレスの定理の6を証明しよう。
(2) ピタゴラスの定理の4を証明しよう。

3 古代ギリシアで論理が発展したわけ？

明夫君 数学は,「論理の学問」なんでしょう。

道博士 そうなったのは,比較的近年のことだね。

たしかに 2600 年ほど前のギリシアでは,この社会が"説得重視"だったので,図形学にもそれが取り入れられた。しかし紀元 4 世紀にギリシアが滅亡すると,貴重な財産であった『**幾何学**』は,どの国にも継承されず,600 年間も見捨てられている。

他のどの民族も,古代中国を除くと,論理は重んぜられず,**実用数学**――計算や作図など――中心だった。

明夫君 民族性なんですかね？

道博士 古代ギリシア社会では,教育の中に右の三学のような意図的な"論理教育"がおこなわれた。

```
七自由科
         ┌ 文法 ── 表現を正しく
の三学 ┤ 修辞 ── 言葉を美しく
         └ 論理 ── 筋道を通す
```

ギリシアのアテネ市の中心(ソクラテス,プラトン像は木の茂みの中)

第3章　図形と証明の疑問

奴隷を除けば最も民主的な社会で，すべてのことは討論によった，というわけだから，**説得術**が盛んになったのは当然だろう。

明夫君　この古代ギリシアには，いくつもの学派がありましたね。

道博士　右のように，ほぼ100年の単位で，次々生まれているが，その中に，対立的な"正論と邪論"（72ページ）が闘い合い，それで発展していったようだ。

その間，地図にあるように学派の拠点も点々としているのが興味深い。

明夫君　中国では，『**諸子百家**（しょしひゃっか）』が同時代の論理集団だったのでしょう。

東西で誕生しながら，その社会背景はずいぶん異なるんですね。

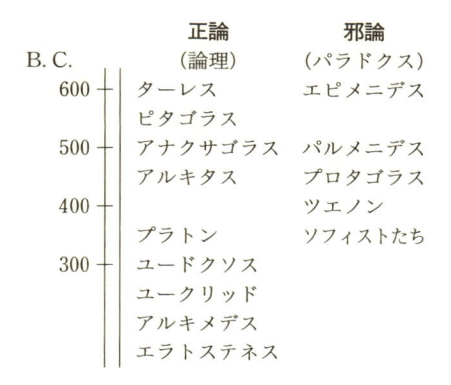

```
                正論              邪論
     B.C.     (論理)           (パラドクス)
     600 ─  ターレス          エピメニデス
            ピタゴラス
     500 ─  アナクサゴラス    パルメニデス
            アルキタス        プロタゴラス
     400 ─                    ツェノン
            プラトン          ソフィストたち
     300 ─  ユードクソス
            ユークリッド
            アルキメデス
            エラトステネス
```

―― 学派の流れ ――
　　　　　　　　　　　中心地
(1)　イオニア学派　　（ミレトス, サモス）
　　　（B.C. 6世紀）
(2)　ピタゴラス学派　（南伊クロトン）
　　　（B.C. 5世紀）
(3)　エレア学派　　　（南伊エレア）
　　　（B.C. 5世紀）
(4)　プラトン学派　　（アテネ）
　　　（B.C. 4世紀）
(5)　第1アレキサンドリア学派
　　　（B.C. 3世紀）（アレキサンドリア）

―― どんなモンダイ！ ――
(1)　七自由科の"四科"にはどんなものがあるのか？
(2)　『諸子百家』に，どんなものがあるか？

4 "正多面体の美"の美とは？

麗子さん 19世紀のフランスの画家セザンヌには"**究極図形**"というのがありますね。

道　博士 セザンヌは南フランスのエクス・アン・プロバンスが生没地。少年時代から絵が好きで，1861年パリに出，マネを中心とする反アカデミー派に入って活躍したが，彼は構成主義の立場だったという。

麗子さん その考えの基本が究極図形ということだったのですか。

道　博士 その図形とは，セザンヌの名言「**自然は円柱，円錐(すい)，球によってできている**」から想像すると円柱，円錐(すい)，球ということになる。

麗子さん この3つの立体に相互関係があるのでしょう。

道　博士 ナントモ，美しい関係があるんだよ。

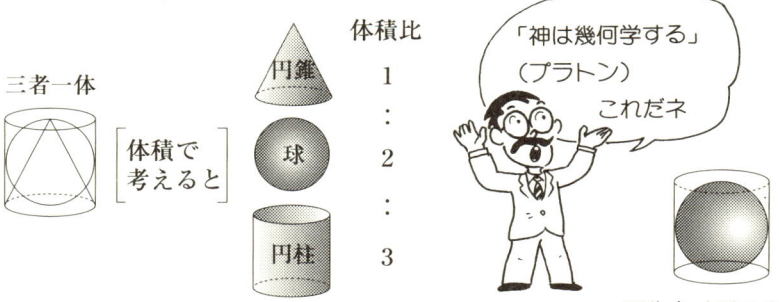

三者一体 ［体積で考えると］

体積比
円錐　1
球　　2
円柱　3

「神は幾何学する」
（プラトン）
これだネ

アルキメデスのお墓

すっぽり入る図形を考えると，体積比はナント!! 1:2:3。

麗子さん すごいですね。セザンヌは知っていたのでしょうかね。

道　博士 画家だから，そこまで考えたかは明らかではないが，構成主義だから知っ

カルカソンヌの城（南仏）

第3章　図形と証明の疑問

ていたろうね。これは2200年も前のアルキメデスが知っていたよ。

麗子さん　美しい立体といえば，『プラトンの図形』というのがありますね。5つの正多面体のことでしょう。

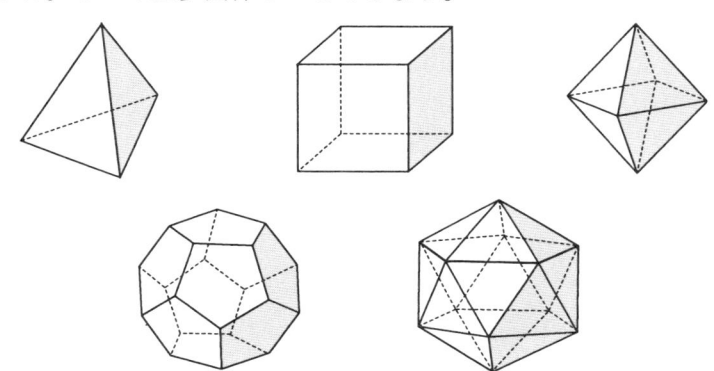

道　博士　この立体自身が美しいだけでなく，下の図のように，各面の中点を順に結んでいくと，それぞれ"対"になる相手の立体ができる。——これを双対性という——"実にふしぎ"，というより**神秘的な関係**だろう。「神は幾何学する」というプラトンの名セリフがあるが，この美しさは，そう感じさせるね。

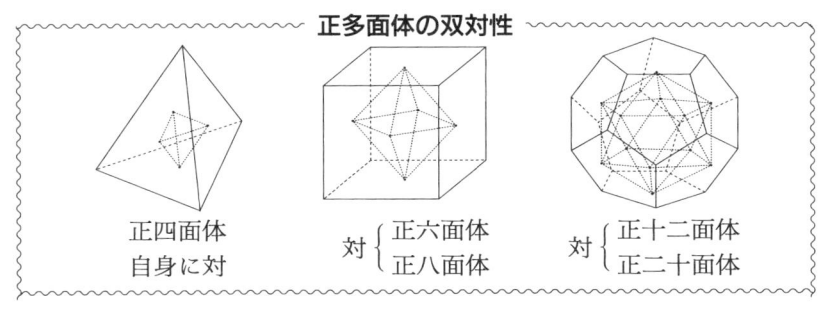

――― 正多面体の双対性 ―――

正四面体
自身に対

対 { 正六面体
　　正八面体

対 { 正十二面体
　　正二十面体

― どんなモンダイ！ ―

(1)　数学の中で，"対"になっているものが他にもある。探してみよう。

(2)　正多面体が5種類しかないことの証明法は？

63

5 『投影図』が要塞設計から誕生した，というわけ？

明夫君　"設計図（作図）と城塞（城壁）と戦争"

これは「三題話」になるものでしょう。

道博士　古今東西，民族，国家の単位で都市や国に城壁をつくり，外敵から守ろうとすることに変化がないね。城壁づくりでは，古代ローマの建築術が有名だ。

明夫君　古代ローマは，その文化のほとんどが先輩のギリシアから伝承されたものでしょう。

道博士　そうだね。

『幾何学』も伝えられたはずなのに，実用性のない"論証"は捨てられ，**"作図法"**だけが重視され利用された，ということになる。

明夫君　古代ローマのコロッセオ（闘技場），大水道，大浴場，円形劇場などの大工事は有名ですね。

道博士　北はイギリス（バースは有名），南はフランス，イタリア（下写真），東はトルコ（イスタンブール），西はスペイン（コルドバ）など，西欧各地に立派な建造物が残されてあり，その建築術の能力はすごい。

ポンペイの競技場（南イタリア）　　ポンデュガールの大水道（南フランス）

第3章　図形と証明の疑問

明夫君　城壁では，東ローマ帝国を1000年間守った，テオドシウス2世の城壁（7km）が，その堅固さで有名ですね。

道博士　堀のあと，3m，5m，7mの壁，そして13mの塔，というすごい三層の城壁で，とても人間の力では攻められない。そこで，オスマン・トルコは，初めて大砲を使い，城壁を突破し，1453年陥落させたのだ。

難攻不落の三層の城壁（トルコ）
——旧コンスタンチノーブル——

明夫君　「以後，城壁のつくり方が変わった」ということですね。

道博士　どの角度からの大砲の攻撃に対しても，堅固な城壁が要求されたが，18世紀，フランスのナポレオン時代に，モンジュが，それまでと全く異なる作図法で要塞(ようさい)設計をした。それが後の「**画法幾何学**」（投影図）なんだが，なんと，30年間，軍の秘密として，口外を禁じた，というのだから"設計図と戦争"の関係もすごいネ。

明夫君　モンジュはその後どうしたのですか？

道博士　『エコール・ポリティカル』（高等工芸学校）の初代校長になったが，そのとき『画法幾何学』の講義をした，という。この学校はその後ナポレオンが"金の卵を産むめんどり"とよぶほど優秀な数学者，科学者を輩出した。

〔参考〕　パリのエッフェル塔の近くにある陸軍士官学校も，教授や卒業生に優れた数学者がいた。

── どんなモンダイ！ ──
(1)　捨てられた『幾何学』（原論）はその後，どうなったの？
(2)　『画法幾何学』の基本の考えは何か？

⑥ そもそも『幾何学』とは何なのか？

麗子さん 博士は前(58ページ)に，「エジプトの測量術を，ギリシアで"論証の学問"にした」といわれましたが，この学問をナゼ『幾何学』というのですか？

道　博士 これの話には，歴史があるんだよ。

紀元前3世紀にギリシアの幾何学者ユークリッドが，ターレス以来の300年間の研究成果を集大成して**『原論』**（通称『ユークリッド幾何学』）を完成した。

これが1607年，中国に伝えられたとき，イタリア人マテオリッチと中国人徐光啓(じょこうけい)とで中国語訳をつくったが，この本に対して右のような理由から『幾何』と命名したことによる。

〔英語〕
geo（ジェオ）―metry
土地　測る
⇩
〔中国〕
幾何（ジ ヘ）（中国語）── 音が似ている
　　　　　（意味）── 「面積幾何」と用いる

日本へ明治時代に輸入されたとき，『形学』と名付けたが，「長円の名が定着せず楕円に戻った」ようなもので，だめだったね。

麗子さん "長円"は戦後の教育漢字制限によるのでしょう。でも函数(かんすう)を"関数"にした方は定着しましたね。

道　博士 16世紀の等号が，初め ∝ が，後に ＝ になったように，数学の用語，記号は，よいものが残る，という傾向があるんだ。

麗子さん ところで，『原論』の内容はどんなものですか？

道　博士 右ページのような内容だよ。約 $\frac{1}{3}$ が数に関するものなので，『ユークリッド幾何学』とよばない方がいいとされているんだよ。

66

第3章　図形と証明の疑問

麗子さん　巻名をみると，大体，「中学数学」レベルの感じですね。

道　博士　確かにそういうことだが，厳密さが大きくちがうので，これを全部読みこなすのは，大変なことだよ。

　18〜19世紀，天下の秀才イギリスのオックスフォード，ケンブリッジ大学の学生が学び得なかった，というぐらい難解なんだ。（156ページ参考）

『原論』13巻

第1巻　三角形の合同など
第2巻　幾何学的代数
第3巻　円論
第4巻　内接・外接多角形
第5巻　比例論
第6巻　相似論
第7〜9巻　整数論 ｝代数
第10巻　無理数論
第11巻　立体幾何
第12巻　体積論
第13巻　正多面体

いろいろな幾何学とその誕生や関係

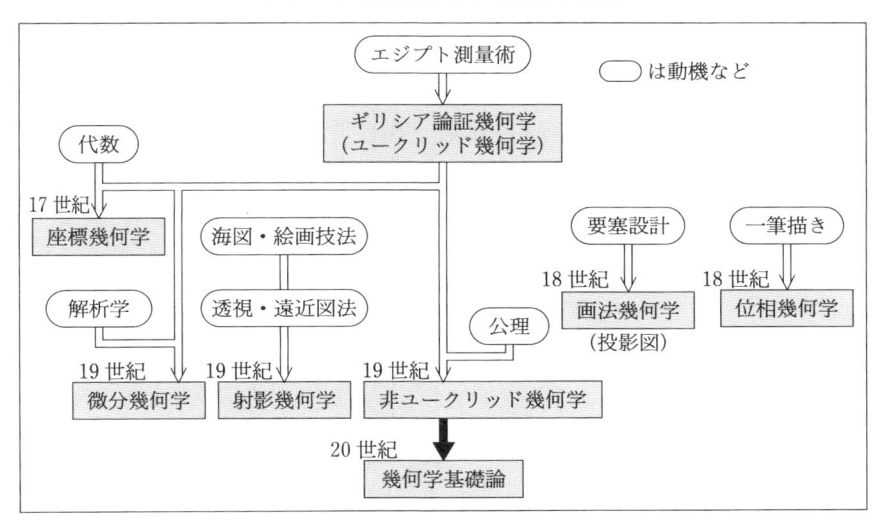

○は動機など

エジプト測量術
↓
ギリシア論証幾何学
（ユークリッド幾何学）

代数
17世紀↓
座標幾何学
↓
解析学
19世紀↓
微分幾何学

海図・絵画技法
↓
透視・遠近図法
19世紀↓
射影幾何学

公理
19世紀↓
非ユークリッド幾何学
20世紀↓
幾何学基礎論

要塞設計
18世紀↓
画法幾何学
（投影図）

一筆描き
18世紀↓
位相幾何学

― どんなモンダイ！

(1)　ユークリッドというのはどんな数学者か？
(2)　長方形の前は，「矩形（くけい）」といったが，その"矩"とはどんな意味？

7　3つの"美しい定理"とその証明法って？

明夫君　図形の証明は，パズル的興味がありますね。

　・次々定理を使って目的に到達する。

　・補助線1本引いたら，スカッと鍵を手にする。

　　その**"有無(うむ)をいわせない推論"**がたまりません。

道博士　君は数学好きだからそういうが，嫌いな人間にとって，「だから証明問題はいやだ！」ということになるのサ。つまりは，補助線は"両刃の剣"でもある。

明夫君　博士の好きな定理には，どんなものがありますか？

道博士　中学時代に感動した，美しい関係をもつ"チェバ・トレミー・メネラウスの定理"(まとめて，こうよんだ)が忘れられない。

　　こんな3つの定理だが，君も証明してごらん。

チェバの定理

　三角形 ABC とその平面上の1点 O があって，AO，BO，CO の延長とそれぞれの辺 BC，CA，AB との交点を P，Q，R とすれば，次の関係が成り立つ。

$$\frac{BP}{PC} \cdot \frac{CQ}{QA} \cdot \frac{AR}{RB} = 1$$

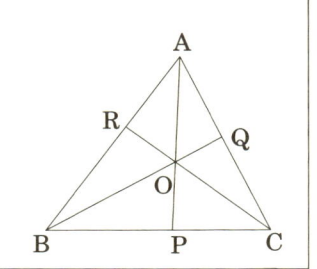

トレミーの定理

　円に内接する四角形 ABCD では次が成り立つ。

　　$AB \cdot CD + BC \cdot AD = AC \cdot BD$

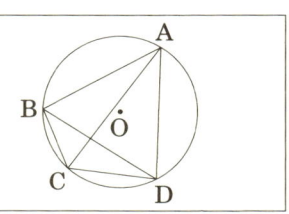

第3章 図形と証明の疑問

メネラウスの定理

三角形 ABC の辺 BC, CA, AB が一直線 l と交わる点を P, Q, R とするとき，次の関係が成り立つ。

$$\frac{BP}{PC} \cdot \frac{CQ}{QA} \cdot \frac{AR}{RB} = 1$$

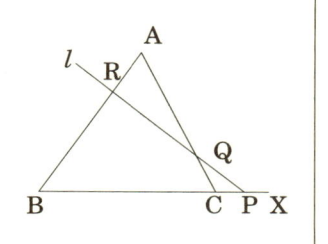

明夫君 きれいな関係の定理ですね。でも，いまの中学・高校ではあまり，難しい定理をやらないので，証明できるかナ。
　　　　チョット，ヒントをください。

道博士 では，ヒントの図を与えるから，あとは自分で考えてごらん。自分で証明できた快感は抜群だからね。

(1) $\dfrac{\triangle ABO}{\triangle ACO} = \dfrac{BH}{CI} = \dfrac{BP}{CP}$

(2) $\triangle AED \infty \triangle BCD$

　　$\dfrac{AD}{AE} = \dfrac{BD}{BC}$

　　∴　$AD \cdot BC = BD \cdot AE$

(3) $\triangle BPR \infty \triangle CPD$ より

　　$\dfrac{PB}{PC} = \dfrac{PR}{PD}$

（注）各図の補助線に注目しよう。

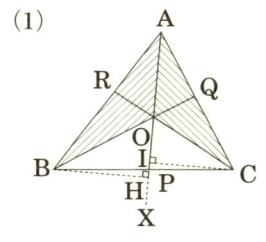

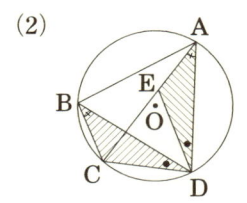

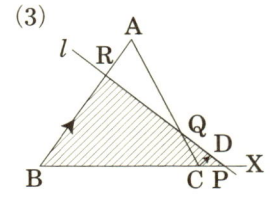

どんなモンダイ！

(1) 積が1になる例に，どんなものがあるか？
(2) ヒントをもとに上の3つの定理を証明しよう。

8 「地図の塗り分け問題」とは？

麗子さん 『メートル法』も，今回のEU通貨統合の『ユーロ』も，もともとは，ヨーロッパは大小たくさんの国が入り混じっていることに原因していることでしょう。

道　博士 交流や通商などでお互いに長い間ずいぶん不便な思いをしただろうからね。

麗子さん 社会科の先生の話では，国境がからんでいて，地図づくりも大変だそうですね。

道　博士 19世紀に，その地図屋の悩みを耳にした数学者が，「国別に色をつけて印刷するとき，できるだけ安上がりにするのに，何色あれば済むか？」を問題として，挑戦した。

麗子さん 数学者というのは，何でも問題にするんですね。何色あればいいのですか？

道　博士 どんなに複雑な地図でも，5色あれば塗り分けられる，ということが，実証も，論証もできた。ところが，4色でも塗り分けられるので論証ができそうなのに，それから一歩も先に進めなかった。

麗子さん これが，「**地図の塗り分け問題**」といわれるものですね。

道　博士 この"易しい難問"の結論をいう前に，実際に挑戦してもらおう。右ページの地図を4色で塗り分けてごらん。

麗子さん 国境が点で接しているところは，色を別にしなくていいのですね。なんとかできました。

道　博士 1976年8月31日の新聞に，見出しも大きく，
　　　"130年来の難問が解けた"
と4色問題のことが報じられて，私もびっくりした。

第3章　図形と証明の疑問

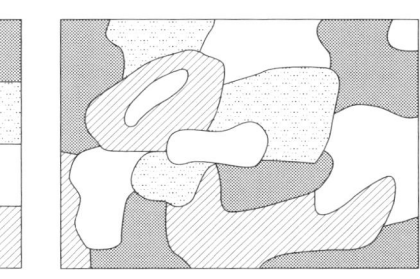

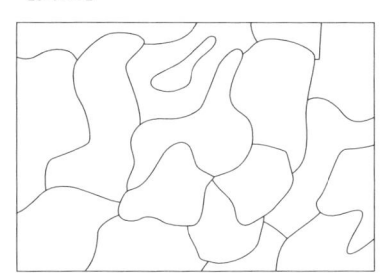

(例)　　　　　　　　　　　　　［問題］

麗子さん　そんな大問題だったのですか？
道　博士　少し整理し，順を追って説明しよう。
(1) はじめ地図の印刷業者の中で話題になった。
(2) 1840年数学者メービウス，1878年ケーレイがとりあげた。
(3) 1890年ヒーウッドが5色ならばどんな地図でも塗り分けられることを証明した。
(4) 1976年アメリカのイリノイ大学のハーケン，アッペル2教授が，数学的に異なる約2000種類の地図を，コンピュータを1200時間動かし，「**シラミツブシ法**」ですべての地図が4色で塗り分けられることを実証した。
(5) この方法に疑問が残ったこと，と論証でないこと，で，まだ未解決問題とされている。

麗子さん　誰かが論証したら，大騒ぎですね。いつかな？
〔参考〕　「シラミ」とは吸血虫の一種で，パンツのゴム附近に無数に並んで血を吸う。ただし動きがにぶいので，全部ツブシ殺すことができる。

━ どんなモンダイ！ ━
(1) 身近なことが数学の問題になった例を考えよう。
(2) 『シラミツブシ法』という方法の具体例について？

⑨ アキレスは亀に追いつけるか？

明夫君 新聞や雑誌などに，"アキレスと亀"という話が何かの諺(ことわざ)のように使われていますが，この中身はどんなものですか？

道博士 この話は，遠く2500年以上も昔のものだよ。

　南イタリアのエレアは，当時ギリシアの植民地で，パルメニデスが「**エレア学派**」を創設した地だ。

　その当時，この近くには，ピタゴラスが同じ植民地クロトンに「**ピタゴラス学派**」を開設し，弟子を養成しながら盛んに研究に励んでいたよ。

明夫君 ギリシアの本土から遠く離れたイタリアで，2つの学派が活躍したわけですか？

道博士 おもしろいことに，この2つの学派は対立的なもので，

　　{ ピタゴラス学派は"正論"
　　　エレア学派は"邪論"（パラドクス）

というものだ。

　余談になるが，偶然にも同じころの中国（61ページ）では，

　　{ 孔子，孟子などの儒教という**"正論"**
　　　老子，荘子などの道教という**"邪論"**

の対立があり，その類似性に，大きな興味をもつね。

明夫君 エレア学派はどんな研究をしたのですか？

72

第3章　図形と証明の疑問

道　博士　開祖パルメニデスは哲学者で，その理論は，「世界は不変不動，不生不滅の存在で，理性（ロゴス）で考えることができるもの。運動や変化などは感覚的なもので，理性では考えられない」として，運動や変化を否定した。

その弟子のツェノンが"アキレスと亀"のパラドクスを提言したのさ。『**4つの逆説**』の1つだよ。

明夫君　いよいよ本論ですね。

道　博士　結論からいうと，「足の速いアキレスが，前方からスタートをした亀に追いつけない」というものだ。

明夫君　ふつうに考えたら，アッという間に追いつき，追い抜くでしょう。

道　博士　ツェノンはこう説明する。

いまスタート地点が少し前方にある亀と，アキレスが同時に出発し，アキレスが亀のスタート地点までくるとその時間分亀は前にいる。その地点までアキレスが来ると，またその時間分亀は前にいる。この論理は永遠に続くので，アキレスは亀に追いつくことはできない，と。どうだい！

明夫君　ナールホド。うまい説明ですね。

道　博士　いやいや，感心していてはだめだよ。永遠に追いつけないなんてことは現実には起こらないだろう。ドウダ！

〔参考〕　アキレスはギリシア神話の俊足の武将で，生後母が彼を不死身にするため冥界(めいかい)の川に浸した。しかし，つかんだカカトだけが弱点（アキレス腱(けん)）で，トロイア戦争でパリスにカカトを射ぬかれて死んだ。

──　どんなモンダイ！　──
(1)　どうやって"アキレスと亀"のパラドクスを説明するか？
(2)　『ツェノンの逆説』の他の3つにどんなものがあるか？

どんなモンダイ！　解答

1　「作図法」がナゼ古代エジプトから始まった？

(1) 『アーメス・パピルス』は紀元前17世紀ごろの著作なので，年表の「(5)　中王国時代」ということになる。

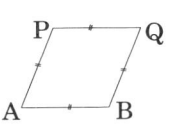

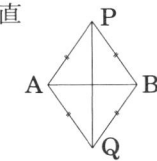

(2) 平行線　　　　　　ひし形ができ　　　垂直　　　　　　　　ひし形なので，
　　　　　　　　　　　　るので，対辺　　　　　　　　　　　　対角線は直交
　　　　　　　　　　　　は平行。　　　　　　　　　　　　　　する。

2　作図法から"図形証明の学問"への道？

(1) △ABPで，P, Oを結び，右のように4つの角に a, b を定めると，

　△ABPの内角の和は180°であることから

　$a + b + b + a = 180°$

　よって　$a + b = 90°$

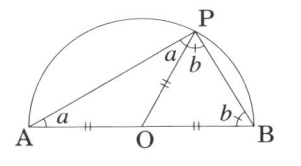

(2) （実証）正多角形について，1つの角との関係をまとめると下の表ができ，3種類しかないことがわかる。

	正三角形	正四角形	正五角形	正六角形	……
1つの角の大きさ	60°	90°	108°	120°	……
個数	6	4	×	3	……

（論証）正n角形の1つの内角の大きさは $\dfrac{2(n-2)}{n} \times \angle R$。

いま，1点のまわりにp個の正n角形ができるとすると

$\dfrac{2(n-2)}{n} \times \angle R \times p = 4 \times \angle R$

これより　$n \geq 3, p \geq 3$ で $p = \dfrac{2n}{n-2}$

$n=3$ のとき $p=6$, $n=4$ のとき $p=4$, $n=5$ のとき ×,
$n=6$ のとき $p=3$　　よって，<u>正三角形，正四角形，正六角形</u>

第 3 章　図形と証明の疑問

3　古代ギリシアで論理が発展したわけ？

(1)　四科とは $\begin{cases} 数論——数の理論, 幾何——図形の証明, \\ 音楽——動く数, \quad 天文——動く図形 \end{cases}$

(2)　紀元前 500 年〜紀元前 200 年（春秋戦国時代）に活躍する諸子百家の有名なものに次のものがあった。かっこ内は代表者名。

儒家（孔子），墨家（墨子），道家（老子），名家（公孫竜），法家（李悝），陰陽家など

4　"正多面体の美"の美とは？

(1)　代数の例
- $x^2=1$ のとき $x=\pm 1$　・複素数　$a+bi, a-bi$

図形の例

（パスカルの定理）　$\Longleftrightarrow$　（ブリアンションの定理）

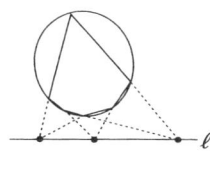

円錐曲線に内接する六点形の 3 辺の対辺を結ぶ 3 つの交点は一直線上にある

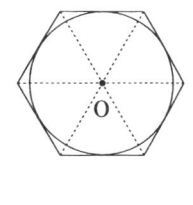

円錐曲線に外接する六辺形の 3 対の頂点を結ぶ 3 つの直線は 1 点で交わる

(2)　②—(2)のシラミツブシ法で表をうめていく。

表の A は正 n 角形，B は 1 頂点に集まる正 n 角形の個数 63 ページの図，参考。

$\begin{pmatrix} 論証は複雑なので \\ 省略する。 \end{pmatrix}$

B\A	三	四	五	六	七	…
3	正四面体	正六面体	正十二面体	×	×	
4	正八面体	×	×	×	×	
5	正二十面体	×	×	×	×	
6	×	×	×	×		

5　『投影図』が要塞設計から誕生した，というわけ？

(1)　6 世紀にマホメットがイスラム教を興し，その後の教主（国主）が領土を拡張すると共に，学問の保護奨励をした。そのため，それまでの古今東西の学問が収集，翻訳されたが，古代ギリシアの『原論』（ユークリッド幾何学）も復元された。

これは 10 世紀ごろなので，幾何学は約 600 年間眠っていたことになる。

(2) 基本は，1つの立体を真正面，真横，真上から見た3つの図を1つの平面に表す，という考え。

6　そもそも『幾何学』とは何なのか？

(1) 紀元前3世紀の数学者で，いくつもの伝説はあるが，生没不明。個人ではなく，団体名ではないか，ともいわれている。

(2) 矩とは直角のこと。

7　3つの"美しい定理"とその証明法って？

(1) ある数とその逆数の積　（例）$\frac{3}{5} \times \frac{5}{3} = 1$, $\sin^2 A + \cos^2 A = 1$

(2) チェバの定理

同様に，$\frac{\triangle CBO}{\triangle ABO} = \frac{CQ}{AQ}$, $\frac{\triangle ACO}{\triangle CBO} = \frac{AR}{BR}$　この3辺の右辺をかけると1になる。

トレミーの定理

$\triangle ABD \infty \triangle ECD$ より $AB \cdot CD = BD \cdot CE$　2辺を辺々加えると成立する。

メネラウスの定理

一方，$\frac{CQ}{QA} = \frac{CD}{AR}$, 上の2式を与式に代入すればよい。

8　「地図の塗り分け問題」とは？

(1) 日本の例では虫食算，俵算，油分け算など商人の工夫から誕生する。

(2) 74ページの2—(2)や75ページの4—(2)などの，すべてを調べつくす方法。

9　アキレスは亀に追いつけるか？

(1) パラドクスの解明は，定義や用語の使い方，論理展開の進め方，ルールを守っているか，などから検討する。この場合，アキレスが亀に追いつく時間までの話である。

(2) 二分法，飛矢不動，競技場

（拙著『正論，邪論のかけ合い史』他，参考）

第4章 関数とグラフの疑問

1 「1対1の対応」とは、どういうこと？

明夫君 「1対1の対応」って、"数詞"のない原始人がものを数えるのに使ったというけれど、数学ではどんな場合に使うのですか？

道博士 2つの集合では別の対応もあるんだよ。次のものだ。

　　1対多，多対1，多対多　　　（"多"とは多数の略）

まず、それぞれの例をあげて、"1対1"の意味を明らかにしよう。身近なものとして、

1対1　　A：クラスの生徒　　　1対多　　A：クラスの生徒
　　　　B：出席番号　　　　　　　　　　B：兄弟・姉妹

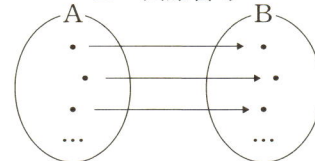

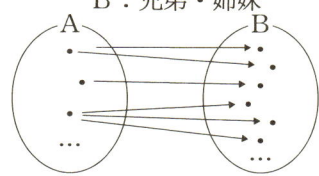

多対1　　A：学校の生徒　　　多対多　　A：月〜金曜日
　　　　B：クラスの担任　　　　　　　B：教科目

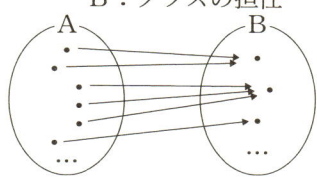

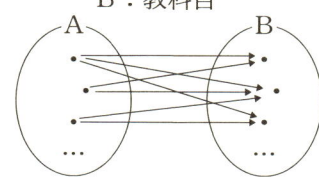

対応の4種類について君には、数学の例をあげてもらおう。

明夫君 ハイ、こんなのはどうですか。

$$1対1 \begin{cases} A：自然数 \\ B：各自然数の2倍 \end{cases} \quad 1対多 \begin{cases} A：多角形 \\ B：名称のある図形 \end{cases}$$

$$多対1 \begin{cases} A：整数（正と負） \\ B：整数の平方 \end{cases} \quad 多対多 \begin{cases} A：合成数 \\ B：約数 \end{cases}$$

第4章 関数とグラフの疑問

道　博　士　初等数学では1対1と多対1とが重要なんだよ。その理由がわかるだろう。

明　夫　君　「相手がただ1つ決まる」というのが共通点ですね。

道　博　士　この2つを"**一意対応**"というのだ。（関数の定義）

　あるものを考えたとき，それに対応するものがいろいろあって決まらないとなると，どうしようもないだろう。数学では，この一意対応が大変大事なことになる。

明　夫　君　"一意対応"のグラフと，そうでないもののグラフに，どんなものがありますか？

道　博　士　「xの値を1つ決めると，yの値がただ1つ決まる」という関係のグラフは，直線，曲線で下のようだね。

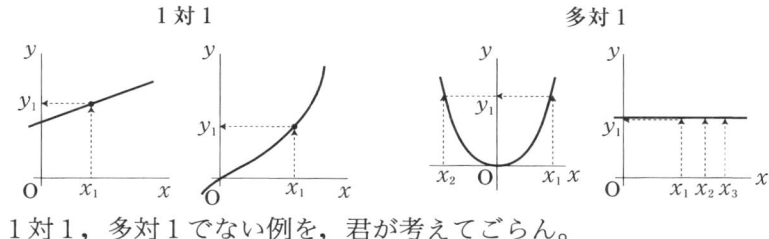

　　　　　1対1　　　　　　　　　　　　　　　多対1

　1対1，多対1でない例を，君が考えてごらん。

明　夫　君　ハイ。こんなのどうですか。x_1の値に対してyの値が2つ以上ある。

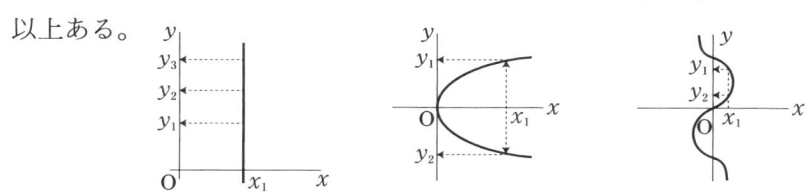

道　博　士　なかなかすごいのを知っているね。

　ホテルの部屋と番号，ピアノの鍵と音階などは，1対1の対応の代表例だ。そんなものを探してみよう。

― どんなモンダイ！ ―

(1)　1対1の対応の利用例を探そう。

(2)　電話やタクシー料金のグラフはどんなものか？

79

2 比と比例はどう違う？

麗子さん 比と比例は似ていますが，基本的にはどう違うのですか？

道 博士 一言でいうと，"静"と"動"ということになるね。「動いているものの一瞬」が，比例の中の比という考えでいいだろう。

数学内容から似たものを集めると次のようになる。

「時間と時刻」の関係といえばわかりやすいかナ。

「年間計画と毎日の日記」といってもいいかもしれない。

動の中の静

〔動〕	⟹	〔静〕
比例		比
関数		方程式
相似変換		拡大・縮小
（時間）		（時刻）

麗子さん なかなかわかりやすい説明で，理解できました。動と静という関係とすれば，まず動があってその一断面として静が考えられる，ということになるのでしょう？

道 博士 そう思うのが順当なのだが，人間の歴史はその逆で，まず"静"から始まった。

正式に"動"と取り組んだのは，ナント 17 世紀のことで，歴史の流れから考えると，人間の頭脳は「動には弱かった」ということになるのかね。

麗子さん それもあるでしょうが，前（73 ページ）に話のあったパラドクスなんかも影響したんでしょう？

第4章　関数とグラフの疑問

道　博士　エライ‼
　　いいところに気付いたね。
　　私が「動に弱い」といった意味は，原始時代の人間が，動物や魚をとろうとするとき，動いているのをねらわず，止まっているところをねらうだろう。それが人間の頭脳をつくりあげた，と思ったんだ。

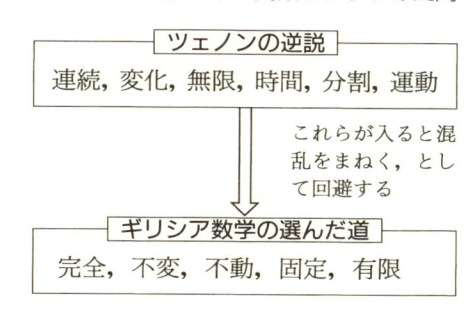

ツェノンの逆説
連続，変化，無限，時間，分割，運動

これらが入ると混乱をまねく，として回避する

ギリシア数学の選んだ道
完全，不変，不動，固定，有限

　　知的人間になり，古代ギリシアでは，パラドクスのおそろしさを回避するために，"静"を中心にした，といえるだろう。

麗子さん　"静"のものは「完全で不変」ということですか。"動"のものは「未完成で信用できない」と考えたのですね。

道　博士　比は，古代どのような場面で必要とされたか知っているかい？

麗子さん　社会科で習ったような気がします。
　　　税金，利益の配分，遺産分配，合金
　　など比率や割合でしょう。

道　博士　2600年前のギリシア数学者ターレスは相似の比を利用してピラミッドの高さを測ったり，海に浮かぶ舟までの距離を測ったので有名だよ。(44，53ページ参照)

麗子さん　このときの"相似比"は，まだ「静の段階」なのですね。"動"になるキッカケは何だったのですか？

── どんなモンダイ！ ──
(1)　$a:b=c:d$ というのは比か，比例か？
(2)　数学に"動"が入るようになったのは，いつ，何の必要からか？

3 反比例のグラフは折れ線でない？

明夫君 反比例のグラフが，曲線というのが，どうしてもわかりません。
$y=\dfrac{12}{x}$ を例にとると，右のような折れ線になるんではないですか？

道博士 そう思いこんでいる人は多いね。

だいたい算数はもちろん，中学2年までのグラフはぜんぶ直線か折れ線だったから仕方がないが……。

そこで，こんなふうにマメに計算してみるといい。

x	1	2	3	4	………	12
y	12	6	4	3	………	1

次々とその間を調べると，

①
2	2.5	3
6	4.8	4

②
2	2.25	2.5
6	5.33	4.8

明夫君 どんどんなめらかな折れ線になっていきますね。

でも，いくらやっても，こまかい折れ線になるだけでは？

第4章 関数とグラフの疑問

道　博　士　そう考えるのは仕方がないが，「**極限**では）曲線になる」と考えるしかない。高校2年まで待とう。

明　夫　君　でも比例や一次関数は直線でしょう？

道　博　士　しかし，それはむしろ例外でね。

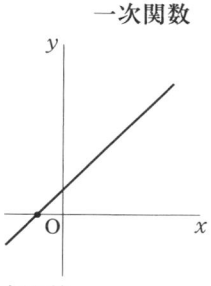

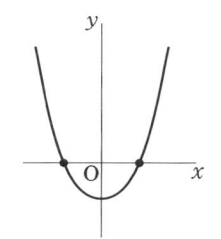

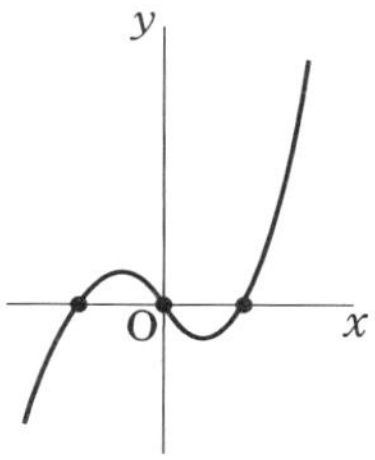

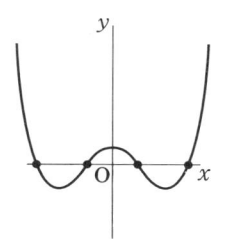

上の二次，三次，四次といった高次関数になると，みな曲線になる。高校で習う，三角関数や指数・対数関数などみな曲線で，関数のグラフが直線の場合は，むしろ例外的なことといってもいい。

明　夫　君　ここまで勉強すると，反比例のグラフが曲線であっても，疑問に思いませんね。

道　博　士　関数ではない，『統計のグラフ』で変化を示す「折れ線グラフ」でも，わかりやすいようになめらかな曲線で描くこともあるだろう，新聞の資料など。

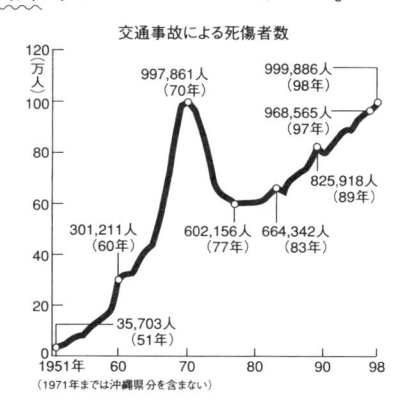

── どんなモンダイ！ ──
(1) 点を結ぶのに，どうやってなめらかな曲線を描くか？
(2) 上の関数の各グラフの x 軸上の・は何を示すものか？

4 "関数"という言葉の意味は？

麗子さん "関数"も中国伝来語ですか？

道 博士 これは日本語で，中国伝来語は"函数(ファンスー)"だ。

マア，そのいきさつはあとで説明するとして，中国最古の数学名著の1つ『九章算術』（紀元1世紀）にある，下の図形用語について，現在の日本では何という用語になっているかをまず，考えてもらおうか。

(1) 方田　　(5) 箕田(みでん)
(2) 圭田(けいでん)　(6) 宛田(えんでん)
(3) 邪田　　(7) 環田
(4) 弧田　　(8) 勾股(こうこ)（田）

> 九章算術巻第八
> 方程　以御錯糅正負
> 〔一〕今有上禾三秉，中禾二秉，下禾一秉，實三十九斗；上禾二秉，中禾三秉，下禾一秉，實三十四斗；上禾一秉，中禾二秉，下禾三秉，實二十六斗。問上、中、下禾實一秉各幾何？
> 答曰：
> 上禾一秉，九斗、四分斗之一，
> 中禾一秉，四斗、四分斗之一，
> 下禾一秉，二斗、四分斗之三。

"方程"の語もこんなに古い
（北京師範大学白教授より寄贈の図書から）

麗子さん イヤ〜，難しいワ。

(1) 方田は，正方形か長方形でしょうね。

(2) 圭田は，土を積んだ形だから二等辺三角形かナ。

あとは，まったくわかりません。

道 博士 そうだろうね。2000年前の中国の用語だから仕方がない。

(1)は正方形。長方形は後世になって直田といった。

(2)はズバリ，正解だ。

(3)は台形。これは後に梯(てい)（はしご）田に変わった。日本でも教育漢字制限が行われるまでは"梯形"だったよ。

(4)は弓形。さて，そのあとのものは現在あてはまる用語がないので，形で示そう。

(5) 箕田　(6) 宛田　(7) 環田　(8) 勾股

(注)　箕とは，これに米を入れ殻(から)や塵(ちり)を取り除く農具。宛とは，おわんの形。半球でもない。勾(句)はカギで直角三角形。

麗子さん　当時は必要な言葉だったのでしょうね。

ところで関数の用語ですが……。

道　博士　1673年，ドイツのライプニッツが命名した，といわれている。彼は，"座標"の考えも同時に提案した。

これが英語の $function$ となり，中国に輸入されたとき，中国流の訳——似た音で意味ももつもの——から"**函数**"と定めたんだよ。

ドイツ	$functio$（作用）
英　語	$function$
中　国	函数（音と意味）
日　本	函数 —— 関数

① "函"とは箱の意味
② 記号 f は1753年，オイラーによる

麗子さん　アッ，ソウカ！

"函"も教育漢字に入っていないんですね。

それで，"関数"の名になったのか。「関係をもつ数」というところでしょうか。マア，当て字としては上等ですね。

── どんなモンダイ！ ──

(1) 中国に"錢田(せんでん)"というのがあるそうだが，どんな形か？

(2) 前ページの中国の"方程"が，日本の「方程式」なのか？

5 大砲から関数誕生ってほんとう？

明夫君 "関数"というのは，「変化する2つの量の一意対応の関係」について考えるものでしょう。

道博士 そうだ，関係の仕方を調べ，表，式，グラフに表して，その様子をとらえ，さらに利用したりするわけさ。

明夫君 ただ広く"関係"というと，いろいろありますね。

道博士 いいことに気付いたよ。それが土台になるから，まず，これを明らかにする必要がある。
君の考えた関係の例をあげてごらん。

明夫君 変だ！ といわれるかもしれませんが，まず身近から。

$$
身内\begin{cases}親子関係\\兄弟関係\\親類関係\end{cases}\quad 学校\begin{cases}友人関係\\同窓関係\\師弟関係\end{cases}\quad 社会\begin{cases}上下関係\\仲間関係\\同郷関係\end{cases}
$$

道博士 オヤオヤ，やたらでてきたね。これはすべて人間関係だ。
では，数学のことに移って，出してもらおう。

明夫君 一応，領域別で考えます。

$$
数式\begin{cases}大小関係\\相等関係\\不等関係\end{cases}\quad 図形\begin{cases}合同関係\\相似関係\\対称関係\end{cases}\quad その他\begin{cases}包含関係\\双対関係\\位相関係\end{cases}
$$

道博士 これだけスラスラでてくるとは，なかなか立派なものだ。
まあ，補足すれば数式では相関関係（88ページ），図形では位置関係（平行，垂直も含む）などいろいろある。これらの関係は，78ページで紹介した4つの"対応"のどれかになっている。

明夫君 ところで，よく日常で使う因果関係とはどういうことです

第4章 関数とグラフの疑問

か？

道　博士　"因果"とは，「すべての行為は後の運命を決定する」ということで，因果関係は，まさに「**一意対応**」（79ページ）そのものだね。

明夫君　突然ですが，"大砲から関数が誕生した"というのはほんとうですか？

道　博士　1453年，1000年の平和を保った東ローマ帝国が滅亡したが，その原因は，難攻不落の三層の城壁を，オスマン・トルコの青銅製大砲が破壊したことによる。以後の戦争は，"大砲の戦争"となり，そのため，弾丸の飛び方の研究（弾道研究）が盛んになって，接線問題から微分，つまり，関数が誕生した，というわけだ。

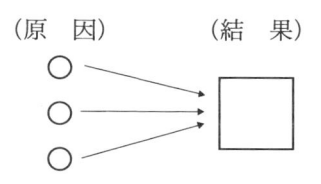

（原因）　（結果）

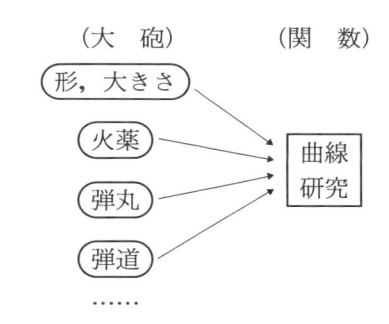

（大砲）　　（関数）
形，大きさ
火薬　　　　曲線
弾丸　　　　研究
弾道
……

"大砲工場"跡（コンスタンチノーブル）
－トプハネ－

明夫君　戦争のためには"静"なんていっていられず，"動"しても（？）勝つという時代になったんですね。

― どんなモンダイ！ ―
(1) ものごとを"関係"で見る利点はどこにある？
(2) 弾丸って，どういう飛び方をするの？

⑥ 勉強量と成績との関係ってある？

麗子さん　入試で合格するには，"四当五落"なんていうでしょう。睡眠時間を4時間にして勉強すれば合格できるが，5時間寝たら落ちる，ということですよね。

道　博士　ということは，一般的に"勉強量と学力は比例する"ということになる，が実際はどうなのかな？

麗子さん　同じ人なら，1時間勉強するより，2時間勉強した方が学力はつくでしょう。

道　博士　ただし，学力も2倍，というような比例関係は成立しないだろうね。

　　　一般には"比例"の語が乱用され，しかも誤用されていることが多い。

麗子さん　こういうのは何といったらいいんですか？

道　博士　「勉強量と成績（学力）との間には**相関関係がある**」といえばいいんだよ。

　　　相関図は右上図のようになる。

麗子さん　人間は同じ作業をし続けたとき，向上の後に疲労曲線がでるといいますね。

道　博士　心理学の本には，必ずでてい

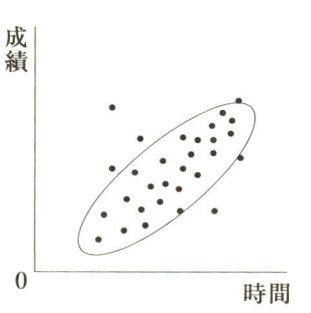

ある30人の生徒の勉強量と成績の相関

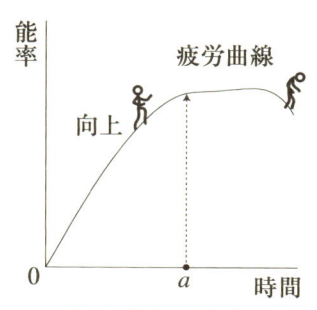

点aの位置は意欲、体力など人によって異なる

第4章 関数とグラフの疑問

るグラフだね。

　x軸の点aは，人によって異なってくる。すぐあきてしまう人や体力のない人，嫌いな教科を勉強しているときなどのaは点Oに近い小さい値だし，がんばり屋や疲れを知らない人，好きな内容などの勉強ではaは点Oから離れた大きな値になる。

　これは個人差が大きいよ。

麗子さん　三当四落もあれば，五当六落もある，ということですね。スポーツをやっていたり，趣味を続けながらも楽々試験に合格する，うらやましいような人もいますね。

道　博士　受験勉強に限らず，何でもそうだが，

　　　　　"最小の努力で，最大の成果"

これが誰しも望むところだろう。

　数学では，これを右のような鞍形で表現し，"鞍点"とよんでいる。

　二種のものの，最小値と最大値が一致している珍しい点なのさ。

麗子さん　数学上ではおもしろい点なのですね。

道　博士　いま，経済界，産業界で重要な考えとして役立っている内容なのだよ。

　これについては後（第6章⑨）で詳しく説明することにしよう。

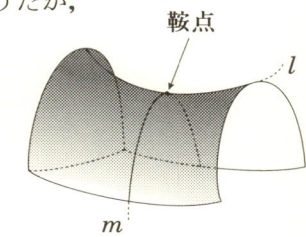

l の最小値とmの最大値が一致しているところが"鞍点"——最適値という——

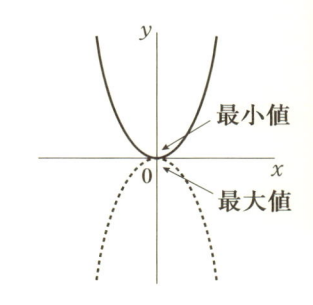

「最大自由と最小不満」社会を目標

どんなモンダイ！

(1)　"火事場の馬鹿力"は疲労曲線とどう関係する？

(2)　経済界，産業界と鞍点の関係例をあげよ。

7 $y=2x$, $y=-x+3$ の y は同じもの？

明夫君 数学に限らず，世の中には「わかるようで，わからない」ということが結構ありますね。

道博士 君は，どんなことから，そういう"矛盾"を感じていっているのだい？

明夫君 たとえばこんなことです。

（数学の例）
$\left.\begin{array}{l}3\times 0=0\\ 5\times 0=0\end{array}\right\}$ よって $3=5$ ？
$\begin{pmatrix}0 との積は\\ すべて 0\end{pmatrix}$

（社会の例）
$\left.\begin{array}{l}Aの親友B\\ Bの親友C\end{array}\right\}$ よってAとCは親友？

道博士 "0"は定義の問題で例外。

"親友"は三段論法の形をとっているが，親友という言葉がパラドクスになっているね。

三段論法
A ならば⟶ B
　　　　　B ⟶ C
∴ A ⟶ C

明夫君 これに似ているもので，前から疑問に思っているのが，比例や一次関数の y です。

$y=2x$ と $y=-x+3$ とでは右辺がちがうのに，なぜ同じ y を使うのですか？

道博士 関数が誕生したころは y を使わなかったそうだよ。

$2x$，$-x+3$ という式で十分だったのさ。

明夫君 各式は x が変われば値も変化するので，y は変数を代用して

第4章　関数とグラフの疑問

いると考えればいいのですか。

道　博士　そうだね。yは特定の値ではなく，○や□のようなものと考えればいいだろう。

明夫君　いま，この2つの式でyの値が等しいという場合を考えると，どのようになるかナ？

連立方程式で解けばいいんでしょう。

$$\begin{cases} y=2x & \cdots\cdots ① \\ y=-x+3 & \cdots\cdots ② \end{cases}$$

（表による）

x	-1	0	1	2	3	$\cdots$
$2x$	-2	0	②	4	6	$\cdots$
$-x+3$	4	3	②	1	0	$\cdots$

（グラフによる）

（計算による）

$$2x=-x+3$$
$$2x+x=3$$
$$3x=3$$
$$\therefore \quad x=1 \quad \text{このときの}y\text{の値は}2$$

道　博士　yはxの変数の式を表す記号のようなものだからこのほか，

$$f(x)=2x \text{ とか，} x \to 2x$$

という表し方もあるよ。

明夫君　やはり"変数"という"動"の考えは難しいんですね。どうしても静止した式と見てしまいます。

グラフは一目でわかるよさがある

どんなモンダイ！

(1) 三段論法形式であるが，実は誤り，の例は？

(2) $f(x)$ とは，どういう意味か？

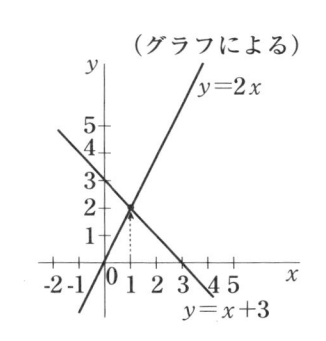

8　x^3+x^2+x は（立方体）＋（正方形）＋（線分）か？

麗子さん　二次関数の $y=x^2+x+1$ を考えていたとき，右辺の x^2 は正方形，x は線分の長さ，1 は数（下図）と見ると，この3つをたすことが何を意味するのかフッとわからなくなってしまいました。

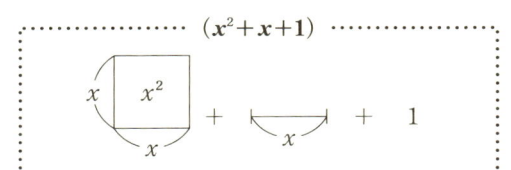

道　博士　なかなか，いい疑問だよ。大学生でも，
「x^3+x^2+x という式は，
　　　（立方体）＋（正方形）＋（線分）
と見られるが，この式は意味があるのか？」
と質問すると，「考えたことがなかった！」
といって困ってしまうのが多い。

麗子さん　こういう文字式ができたのは16世紀ごろでしょう。この初期時代は混乱がなかったのですか？

道　博士　フランスの**ヴィエトの方程式**（1591年）に次のようなのがある。

　　　A *cubus*＋B *plano* 3 *in* A,

　　　　　　　　aequari Z *solido* 2

これを現代式にかくと，どうなると思う。

麗子さん　辞書で調べたら，

　　　cubus＝立方，*plano*＝平面，*solido*＝立体

とありました。

第4章　関数とグラフの疑問

道　博士　in は×，$aequari$ は＝ だから現代風の式にすると，
$$x^3+3b^2x=2c^3$$
となる。A，B，Z はどこに消えたかというと，当時，
　　未知数は母音文字 A，E，I，O，V，Y（フランス式）
　　既知数は子音文字 B，G，D　　　　　など
としているので，A＝x，B＝b，Z＝c と置き換えると，上の式になるんだよ。
　17世紀のフランスのデカルトは，さらに文字式を改良した。

麗子さん　ところで，立方体，正方形，線分の件はどう解決したのですか？

道　博士　x^3+x^2+x は，三次，二次，一次の式の和とも見られるが，次の見方ができる。
　(1)　$x^3+x^2\cdot 1+x\cdot 1\cdot 1$　と考えればすべて三次
　(2)　$f(x)=x^3+x^2+x$　と見れば，x は数の式
　こう考えれば疑問はタチドコロに解消だろう。

麗子さん　ナルホド。(2)で，
$$f(1)=1^3+1^2+1=3$$
$$f(2)=2^3+2^2+2=14$$
ということだから，この式は"単なる数"ということですか……。

道　博士　「文字式は，つねに数なのだ」と考えるのがいいね。

マタマタ
1が
役立つ
のだよ

──**どんなモンダイ！**──────────
(1)　文字が図形と関係するのはどんな場合か？
(2)　デカルトが文字で改良したのはどんなことか？

⑨ 関数と方程式のグラフの違い？

麗子さん　$y=ax+b$ の形の式は**関数**でしょう。そして，$ax+by=c$ の形の式は**方程式**ですね。

道 博士　そう決めつけていいかナ。

たとえば，「右の連立方程式を解け」というものの中に，$y=ax+b$ の形もあるだろう。関数でも $2x-y=5$ という形のものもあるサ。

連立方程式

$$\begin{cases} 2x-y=5 \\ 3x+2y=4 \end{cases}$$

$$\begin{cases} x+y=7 \\ y=2x+1 \end{cases}$$

麗子さん　では，式の形から「関数か方程式か」の区別ができないんですか？

でも前（80ページ）で，"方程式は関数の一断面（切り口）"といったではないですか？

道 博士　この辺，ゴチャゴチャして疑問に思う人が多いね。そして「わからない‼」といって投げてしまうんだ。じっくり説明することにしようか。

まず，一口に"関数"といっても2つのタイプがある。

- **陽関数**　$y=f(x)$ の形　　（例）　$y=ax+b$
- **陰関数**　$f(x, y)=0$ の形　（例）　$ax+by=0$

これで少しわかったろう。

麗子さん　陰関数でも変形すると，陽関数になるわけですね。

と，なると，次は関数と方程式の式の形と中身ですが……。

陽と陰の関係

$ax+by=0$
移項して
$by=-ax$
y の式にすると
$y=-\dfrac{a}{b}x$

第4章 関数とグラフの疑問

道 博士 "関数と方程式"と対立させているが，方程式でも $2x+1=5$，$2x+1=13$ などはグラフにならないが $y=2x+1$ とすれば方程式のグラフになる。

この式はいわば**不定方程式**というものだね。

麗子さん 不定方程式で，y がある値をとったとき，つまり断面で方程式となるんですか。

道 博士 上の例ではそういうことだが，一方「x の値が決まって y についての方程式ができる」ということもある。

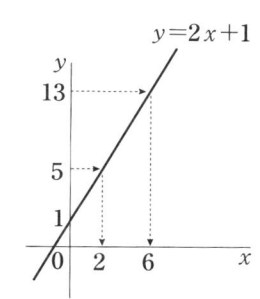

麗子さん 方程式のグラフでは，x の 1 つの値に対して y の値がいくつあってもいいんですね。（下図）つまり，"一意対応"でなくていい。一方，関数のグラフは y の値が 1 つだけ決まるものですね。

道 博士 それが，関数のグラフと方程式のグラフの違いと思えばいいだろう。

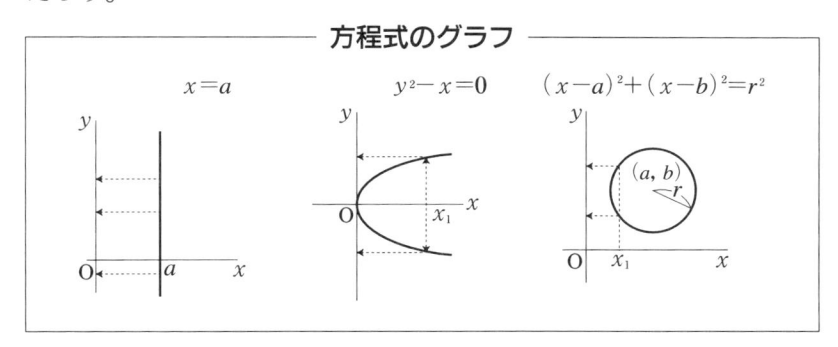

―― **方程式のグラフ** ――

$x=a$　　　$y^2-x=0$　　　$(x-a)^2+(x-b)^2=r^2$

―― どんなモンダイ！ ――

(1) x と x_1，x_2 とはどう違うのか？

(2) $x=a$ と $y=b$ が，「値でなく直線を表す」というふしぎ？

どんなモンダイ！　解答

1　「1対1の対応」とは，どういうこと？

(1)　観劇，列車や宴会，結婚式などの座席の指定

(2)　これはふつう「階段グラフ」というもので，一直線ではないが1対1の対応のもの（例　電話回数が決まると料金が決まる）

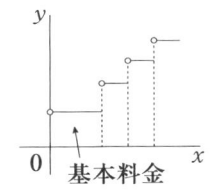

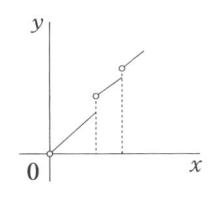

○は除く注意！

2　比と比例はどう違う？

(1)　2つの比の式である。d を x とした $a:b=c:x$ は比例式（方程式）さらに c を y とすると $\dfrac{a}{b}=\dfrac{y}{x}$ で関数になる。

(2)　1453年，オスマン・トルコが東ローマ帝国の三層の城壁を大砲で破壊し陥落させた。以後の戦争は大砲時代になり，16世紀頃の弾道研究から"動"の数学になった。（87ページ参考）

3　反比例のグラフは折れ線でない？

雲形定木

(1)　正確には「雲形定木」という道具を使うが，ふつうはフリー・ハンドで上手に描けばいい。

(2)　グラフと x 軸との交点だから，"x の値"を示す。ここでは，それぞれを方程式のグラフと見ると，一次，二次，三次，四次方程式では x の値が1つ，2つ，3つ，4つと対応していることがわかる。

第4章　関数とグラフの疑問

4 "関数"という言葉の意味は？
(1) 錢（いまの銭）の形　□
〔参考〕わが国，古代（708年）の貨幣（かへい）に有名な右のものがある。この形はまさに錢田。
(2) 『九章算術』の第八章が方程で，この内容は連立方程式であり，わが国も，この語を輸入し，"式"の語をつけたした。

5 大砲から関数誕生ってほんとう？
(1) ・2つ以上のものの間で，つながりを調べる。
・似たつながりが発見されると，ある「別のこと」を考えるとき，代用品としてそれが使える。
・ものの見方が統一的，総合的になる。　など。
(2) 下図のように，初めは直線と考えられたが，後に放物線とわかる。

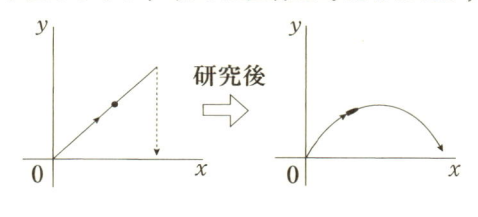

研究後

弾はどうとぶのか？

6 勉強量と成績との関係ってある？
(1) "火事場の馬鹿力"は疲労曲線を短時間に詰めたもの，と考えればいい。平常時人間は筋力など60％しか使用しないが，この瞬間は100％使用する，という。
(2) 会社の職員の健康診断，鉄道のレールの交換，自動車の点検，屋根のトタンのペンキ塗り，などなど。社会，日常で「ひんぱんにやればいいが金がかかる。間をあけすぎると危険」（139ページ参照）という，対立する両者のバランスがよい時期が鞍点になる。

7 $y=2x$, $y=-x+3$ の y は同じもの？

(1)　　数学好きは頭が良い
　　　　　頭が良いのは生まれつきだ
　　―――――――――――――――――
　∴　数学好きは　　　　生まれつきだ

〔参考〕　日，米，独，各国の双生児研究から，"数学は遺伝ではなく努力教科"であることが実証されている。つまり上は誤り。

(2)　$f(x)$ とは，x についての関数式（ときに方程式や数）を示すもので，$f(x)=x^2+3x-5$ など。このとき，
$$f(0)=0^2+3\cdot 0-5=-5$$
$$f(1)=1^2+3\cdot 1-5=-1$$
$$f(2)=2^2+3\cdot 2-5=5$$
という使い方をする。

8 x^3+x^2+x は（立方体）＋（正方形）＋（線分）か？

(1)　代表的なものが三平方の定理。
公式などでも下のようなものがある。
$$a(b+c)=ab+ac$$

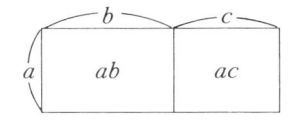

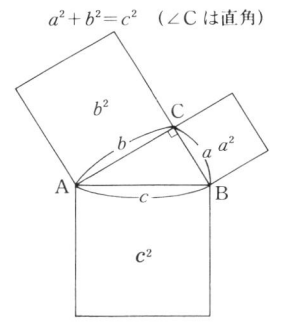

$a^2+b^2=c^2$　（∠Cは直角）

(2)　デカルトは，ヴィエタの幾何学的次元の考えから発展させた。文字 a，b，c などを既知量，A，B，C などを未知量とした。

9 関数と方程式のグラフの違い？

(1)　一般に x は変数，x_1，x_2 は定数（決まった値）として使用する。

(2)　どちらもわかりやすくいえば，
$x=a$ は，方程式 $x+0\cdot y=a$ と考える。
$y=b$ は，関数 $y=0\cdot x+b$ と考える。

第5章 統計・確率と利用の疑問

地獄と天国

悲劇からの統計学　　娯楽からの確率論

1 「数の表」はナゼ統計といわない?

明夫君 『統計』という学問は,ずいぶん古くからあったのでしょう?

道博士 どうしてそう考えたのかナ?

明夫君 4000年近く昔,エジプトでピラミッドを建造しているし,2000年前には,中国では万里の長城を完成しているでしょう。これらには,大変な石やレンガ,木材などのほか,何万人もの労働者,その人たちの衣服,食糧,……どれもこれも膨大な量なので,当然,『統計』が必要だと思ったからです。

道博士 もっともなことだね。

でも,これらは単なる「数の表」であって**現代でいう統計**ではないのさ。

明夫君 となると,統計ってどういうものですか?

道博士 一口でいうと,沢山の同種の「数の表」を集め,そこに流れるある傾向をとらえる,というものだ。別のいい方をすると,「数の表」は静,『統計』は動といったらよいかナ。

80ページでいった,比と比例のようなものだね。

明夫君 その『統計』は,いつごろに誕生したのですか?

道博士 17世紀に偶然,イギリスとドイツで,どちらも悲惨な事件から,ほぼ同時に誕生している。

明夫君 悲惨な事件と,数学とが関係あるとは考えられませんね。

それは一体,どういうことですか?

道博士 簡単に説明しよう。

イギリスは16世紀ごろから,西欧の大航海時代に参入し,まも

第5章 統計・確率と利用の疑問

なく世界中に植民地，属国あるいは通商国をもち，世界中の物資がロンドン港に運ばれた。イギリスの盛期時代だネ。

しかし，これと同時に世界中の伝染病ももち込まれてロンドン市民は毎年多くの死者を出した。市では年末に『死亡表』を発行したが，商人ジョン・グラントがこれを見，一枚では何もわからないと考え，60年間さかのぼって『死亡表』を集めて調査をした。

それから伝染病の傾向をとらえ『死亡表に関する自然および，政治的観察』という本を1664年に出した。これが『近代統計学』の始まりさ。

明 夫 君 ヘェ〜，伝染病からですか。では，ドイツの方は？

道 博士 新・旧キリスト教の対立で1618年から30年間,「宗教戦争の最大にして最後の戦争」といわれた『三十年戦争』が国を二分した。その上，近隣諸国が参加し，ドイツ人口の $\frac{1}{2}$，国家財産の $\frac{2}{3}$ 以上が失われる，という大被害を受けたのだ。それを再建するために経済学者ヘルマン・コリングが国家事情を数量的に整理し『**国勢学**』（1660年）をまとめ講義した。

"Statistics"（統計学）の語は，state（国家）から造られた用語だよ。つまり，『国勢統計学』だ。一方，イギリスの方は『社会統計学』といわれる。

明 夫 君 ほんとうに，ほぼ同じころのことなんですね。

それにしても"伝染病"と"戦争"から誕生した『統計学』とは……。意外でした。

道 博士 "数学の誕生"には，実にいろいろあるんだよ。興味深いね。

どんなモンダイ！

(1) ところで，「数の表」は統計といってはまちがいか？

(2) 『近代統計学』というからには，「現代」とはどう違うのか？

2 "平均の悪用"ってどんなことをいうの?

麗子さん 統計では，"平均"が重要なものと思うのですが，右の表——ある学年の数学テストの得点分布表——で平均を出すのは，統計とまではいえないのですか？

道博士 この学年での前のテストとか，他の学校の生徒のテストとかの比較などをする。となれば，単なる「数の表」でもなければ平均でもない。

さらに，表でわかりにくくても，**柱状グラフ**にすれば一目で様子がわかるし，この集団の資料を代表する1つの数値（たとえば平均値）で表せると，もっと便利になる。

麗子さん 表やグラフでは，記録したり，他の同種の資料と比較したりするのに不便ですが，"平均値"はその点いいですね。

〔参考〕 仮平均による平均値

仮平均を65点とすると，

$\{30\times5+20\times7+10\times11+(-10)\times8+(-20)\times6+(-30)\times4\}\div51=(400-320)\div51≒1.57$

よって $65+1.57=66.57$

数学テストの得点分布表

区分（階級）	人数（度数）
100点～90点	5
89 ～80	7
79 ～70	11
69 ～60	10
59 ～50	8
49 ～40	6
39 ～30	4
合　計	51

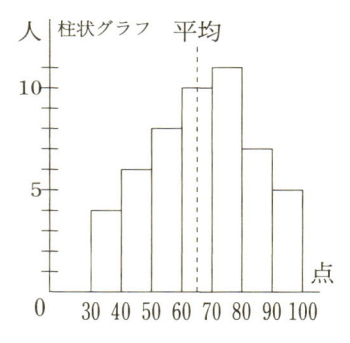

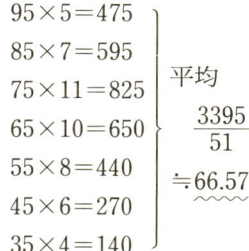

$$\left.\begin{array}{l}95\times5=475\\85\times7=595\\75\times11=825\\65\times10=650\\55\times8=440\\45\times6=270\\35\times4=140\end{array}\right\} \text{平均} \dfrac{3395}{51} ≒66.57$$

第5章　統計・確率と利用の疑問

道　博士　統計というとすぐ平均を出す一般傾向があるが，これはある意味で危険なんだよ。

前の柱状グラフは，見本的な"つり鐘型"なので，平均が意味をもつが，資料が下のような分布のグラフでは，平均がその集団の代表になっていないだろう。

このときの平均値はあまり意味がない。

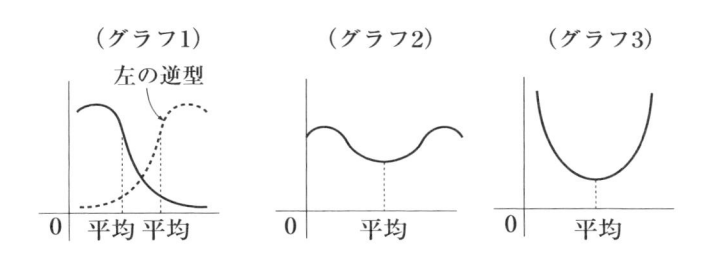

（グラフ1）　　　（グラフ2）　　　（グラフ3）

麗子さん　どんなマズイことがありますか？

道　博士　たとえば，クラスの数学テストの分布が上のグラフ1（実線）の場合，平均点を計算すると，マアマアなのに，実態は成績のひどく悪い人が多い。（上位の少数が平均点を上げている）

グラフ2，3の型の世間での悪用は，新聞の折り込み広告などで，別荘宣伝に「平均気温23°の理想的リゾート地」という広告。実は冬−10°，夏40°というひどい土地だった，とか，マンション販売で値段の高低差が大きいのに「1戸平均3000万円」と平均でうたう，などという例があるだろう。

麗子さん　嘘ではないけれど……。たしかに平均の悪用ですね。フン。

── どんなモンダイ！ ──
(1)　上のグラフ1〜3の場合，平均はどうするか？
(2)　クラスの平均点より上の人は，クラスの半分いるのか？

3 代表値の種類と使い方は？

明夫君 "平均"というのは，ある集団を表す代表値の1つと聞きましたが，あとどんなものがありますか？

道 博士 その前に，"代表"というものについて考えてみよう。

世の中には，種々雑多の人間集団があるが，"集団"という以上，必ずその代表があるね。

それらを思いつくまま並べてごらん。

明夫君 大きい集団から，ということで考えてみましょう。

　　　　国────国王，皇帝，天皇，領主，大統領
　　　　民族───族長，酋　長
　　　　国民───首相，党首，大臣，裁判長
　　　　宗教───教主，法王，僧正
　　　　会社───代表取締役，会長，社長
　　　　商店───支店長，店長，所長
　　　　病院───院長，事務長
　　　　団体───会長，理事長，幹事長
　　　　学校───学長，総長，校長，園長，生徒会長
　　　　家族───家長，世帯主

まだまだいろいろあるし，代表名にも別のがあります。調べるとおもしろそうですね。ガキ大将，番長ナンカ。

道 博士 「集団の代表」のイメージができたところで，そろそろ本論に入ろう。

代表値では平均値のほか，**最頻値，中央値**がある。文字から，およそ想像がつくだろう。

第5章 統計・確率と利用の疑問

明夫君　最頻値は，もっとも頻繁に出る値，つまり，人数など，度数の一番多いところの値。

中央値は大小順に並べてちょうど中央になる人（もの）の値。ということでしょう。

道博士　きちんとわかるように，具体例で説明しよう。

102ページの数学テストの分布表で考えると，

最頻値（モード）は，人数の一番多いのが11人のところなので，この値は 75点

中央値（メジアン）は，51人の中央は26番目の人で，これは上から数えると，69〜60の範囲で10人中の上から3番目になるので比例で $60 + 10 \times \dfrac{7}{10} = 67$ 点

平均値（ミーン）は，（総得点）÷（総人数）から

$3395 \div 51 ≒ 66.57$　　　　約67点

ということになる。

明夫君　代表値によって値が違うのですね。

すると，どれを信用したらいいのかな？

道博士　どれを使ってもいいが，ふつうは平均値を採用するね。他との比較や統計処理（分布，標準偏差）などの発展性があるからだよ。

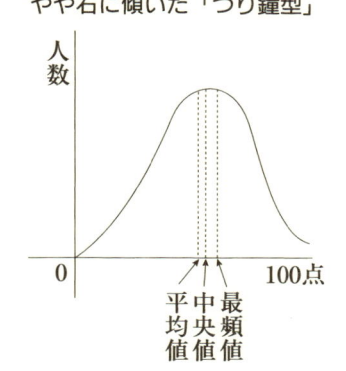

やや右に傾いた「つり鐘型」

平均値　中央値　最頻値

どんなモンダイ！

(1) ファッションなどで使う「モード」と最頻値とは同じ？

(2) 人数が50人のとき，中央値は何番目の人の値か？

4 ナゼ偏差値が悪者なのか？

麗子さん　中・高・大学の受験に関して，以前"偏差値"がずいぶん悪者扱いになっていましたね。

偏差値というものはそんなに悪いものですか？

道　博士　世の中では，公平，平等という目的で数学が利用されてきた歴史がある。

「数字にかえると，誰でも納得する」という人間の心理を利用したものだろうね。

ところが，その扱いや制度が悪いとき，それを問題とせずその道具であった数学がうらまれる，ということがしばしばあるんだ。

麗子さん　"数学は被害者"ということですか。

道　博士　ここで，まず，偏差値を考える根拠から始めよう。社会の大きな話題となった一例に次のようなことがある。

大学の入試で，ちょうど新課程と旧課程の境の受験期に，よくマスコミをにぎわす話題で「旧課程の受験生の平均点が新課程での受験生の平均点より20点も低い」（左グラフ）といったことがあるね。

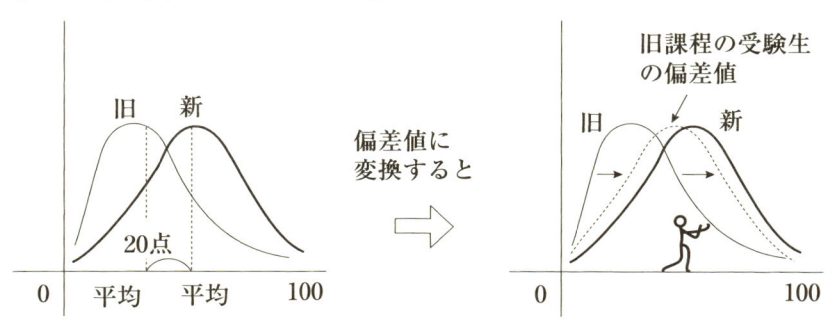

分布も平均点も異なる　　　　分布や平均点を近いものにする

第5章 統計・確率と利用の疑問

麗子さん　旧課程での受験生全員に「ゲタをはかせる」（何点かプラスしてあげる）という方法をとったりするのでしょう。

　でも，これでは公平とはいえないでしょうね。

道　博士　数学的に公平なのが，話題の"偏差値換算"（前ページの右グラフ）となるのだよ。これで，新旧を比較すればいい。

　もっと身近な例で考えてみよう。

　ある中学生の期末テスト4教科のA君の得点（生点(なま)）とクラス平均とが右の表のようであったとしよう。

　各教科の平均点が違うと，得点をそのままたすのは，問題があるだろう。

教科	A君の得点	クラス平均点	平均点を50点としたA君の偏差値
国	70	75	42
社	65	80	38
数	80	65	72
理	80	72	68
計	295	292	220

麗子さん　数学，理科が同じ80点でも，クラス内の位置は違いますね。

道　博士　そこで，正式には**標準偏差**を計算し，それをもとにして，各教科の平均点を50点としたほぼ"つり鐘型"（**正規分布曲線**という）に近いものに換算した偏差値になおせば，その値の和は大変意味がある，というわけだ。

麗子さん　学校のテストでは手間がかかるので省略しているけれど，予備校などではちゃんと出しているんですね。

　（注）　大学入試センター試験では，60万人前後の受験生がいるので各教科の得点分布は，ほぼ"つり鐘型"になる。

── どんなモンダイ！ ────────────
(1) 偏差値教育が世間でたたかれた理由？
(2) 標準偏差とは，どんなもの，その値を出す計算式とは？

5 『確率』は，いつ，どこで生まれた？

明夫君 『確率』っていう文字は難しいのに，"降水確率"などが日常語になったこともあり，世間で誰でも使う言葉になりましたね。

道博士 統計も確率も，素朴な，感覚的なものは，太古から人間がもち合わせていた，といっていいだろうね。

狩猟採取時代，動物を捕える攻めの確率とか，果実などが多くある場所の統計とか，を考えたはずだ。

明夫君 この2つが数学という理論的な学問になったのが17世紀ということですか。

『統計』はイギリス，ドイツで誕生したのはわかりました（101ページ）が，『確率』はいつ，どこで生まれたのですか？

道博士 15世紀にイタリアから始まった**大航海時代**と深くかかわっているんだよ。

明夫君 ワカッタ！

"未知の大西洋"という大海へ船出のため，天候の確率——帆船時代だから，風向きや台風などの起こる不安——や通商で儲ける確率がきっかけになったのでしょう。

道博士 もっともらしい発想だが，それは違う。

イタリアで，ヨーロッパ最初のルネッサンス（文芸復興）が起こり，人々が「心は神（宗教）の束縛からの自由，身体は地主からの解放」ということで，広く新天地の世界に目を向けたのが，大航海時代の始まりだろう。

明夫君 イタリアでは，ベネチア，ピサ，ジェノバの三大海運港が，古くから地中海で通商活動をしていたので，最初に勇敢に未知の大

第5章　統計・確率と利用の疑問

（地図：大西洋、ジェノバ、ベネチア、ピサ、ローマ、アテネ、黒海、イスタンブール、オスマン・トルコが制覇、地中海、エルサレム、アレキサンドリア、カイロ、紅海）

洋へと，とび出していった，ということですね。

道　博士　この三大海運都市は，13世紀の十字軍時代にも大繁栄した経験があり，一攫千金（いっかく）は2度目だ。

　イタリア人は，明朗で遊び好きのラテン民族なので，「タナボタ式」の大金がころがりこむと"賭博（とばく）"で楽しむ。その結果，賭博に勝つ工夫が進み，やがて頭のいい人が『確率論』を考案した，ということになった。

明夫君　それが同じラテン系のフランスへ伝えられ発展したというのですか。

　　悲劇の統計，娯楽の確率
　ずいぶん対照的な2つの数学なんですね。

道　博士　私はこの2つを『社会数学』とよんでいるが，19〜20世紀に両者協力で保険，推計学（標本調査など）が続々と誕生している。

── どんなモンダイ！ ──
(1)　「○○の公算大！」なんていうのも確率のこと？
(2)　民族と数学とは関係があるのか？

選手処分見送りの公算

6 ネス湖に『ネッシー』がいたか？

麗子さん 一時，"ネッシー・ブーム"がすごかったですね。

道 博士 UFOやE.T.などと同じで，本気で存在を主張していた人もいたが，「写真を撮った」という人が死ぬ前に，「アレはオモチャを写したのだ」といったことから，チョン，となった。

麗子さん ネッシーが「いるか」「いないか」の2通りだから，いる確率は $\frac{1}{2}$ とがんばっていた友人がいましたよ。

道 博士 すごい確率計算法だね。

そもそも『ネッシー物語』は，1963年，ネス湖附近をドライブ中に，怪獣らしいものを発見した，というニュースから始まった。

ネス湖は，右上図のような位置にあり，長さは南北40km，幅の広いところでも3kmの細い湖で，水面はコーヒー色に濁っている，という。3m下は真っ黒で，深さ300mもあるそうだよ。

周囲はうっそうと木が茂り，湖畔にルハート城の廃墟もあったり，不気味な雰囲気だそうだ。

麗子さん 謎めいた湖だった点からも，怪獣がいるような気がしたんでしょうか？ 日本からも大がかりな探険隊が調査に行った，という

そうですね。

道　博士　ネッシーの話は，結着がついたが，このとき私は，人々の中に"確率の意味"がよくわからずに使っているのが多いことに気付き，ちょっと驚いた。

麗子さん　アノ，さっきの「いる」「いない」の2通りだから，「いる」確率は$\frac{1}{2}$，という計算ですか？

道　博士　こういう誤りに対して，どう説明してあげたら，わかってもらえると思う？

麗子さん　そうですね。こういうのはどうですか？

　1個のサイコロを投げたとき，
(1)　出た目が偶数
(2)　出た目が3の倍数
どちらが出る確率が高いか，質問する。

道　博士　確率の第1歩が「**確からしさ**」というものだね。
　(1)は$\frac{1}{2}$，(2)は$\frac{1}{3}$
で，「確からしさ」が違う。よい例を考えた。

麗子さん　ネッシーの問題は，「いる」と「いない」では「確からしさ」が違う，といえばいいのですね。
　数値では出せないけれど，「いる」の「確からしさ」は0に近いのに，「いない」は1に近く，この2つは同等でないから，$\frac{1}{2}$とはならない，と説明すればいいんです。決着はついちゃったけど――。

― どんなモンダイ！ ―
(1)　確率が0と1のものとは，どんな場合か？
(2)　将棋の駒を投げたとき，表になる確率の求め方？

7 "くじの夢"と期待値のふしぎ?

明夫君 日本も,いよいよ『サッカーくじ』時代を迎えましたね。

道博士 案によると,
(1) 一等最高1億円程度
(2) 当選確率は宝くじ程度
(3) 売上金の配分は右のようで,当選金,経費を除いた約35%を三等分し,国庫,地方自治体,スポーツ団体に配分する

というものだ。

円グラフ:
- 国庫納付金 (11.7%)
- スポーツ振興助成金や地方自治体 (23.4%)
- 経費 (15%以内)
- 当選金払戻金 (50%以内)

(くじの的中確率は160万分の1)

明夫君 ということは,くじの売上金の半分ぐらいしか払い戻しされない,ということですか?

道博士 試算では売り上げ額1800億円といっているね。現在,国がスポーツ振興にかけている額が,約180億円というから,その10倍が動くことになる。

それにしても"くじ本来の宿命"で,くじ券1口100円として,たったの50円しか戻らない,という計算になるんだ。

明夫君 賭博性,ギャンブルを楽しむ,と考えればいいんでしょうね。入場券みたいなものですか。

道博士 くじなどで,戻るのが予定されている金額を「**期待金額**」といっている。広くは期待値という。
ふつうは支払い額の40〜60%が期待値の対象だね。

明夫君 宝くじなどの大規模なものではなく,商店街などのくじの期

第5章 統計・確率と利用の疑問

待金額の計算はどうやるのですか？

道　博士　あるところで，右のような当選のあるくじで，1枚のくじ券が4000円だったとする。

単純に考えて，このくじを引くのは得か損か？

等	1本の賞金	本数
1等	10万円	5本
2等	5万円	20本
3等	1万円	200本
4等	5千円	500本
等外	100円	1000本
合計	――	1725本

明夫君　各等の当たる確率をもとに1つ1つ計算していくのでしょう。めんどうですね。

$$100000 \times \frac{5}{1725} + 50000 \times \frac{20}{1725} + 10000 \times \frac{200}{1725} + 5000 \times \frac{500}{1725}$$

$$+ 100 \times \frac{1000}{1725} \fallingdotseq 3536 \text{ (円)}$$

この値は何ですか？

道　博士　この3536円が期待金額さ。

実はもっと簡単に，つまり，平均値を求める計算で，

$$\frac{賞金総額}{くじ総本数} = \frac{6100000}{1725} \fallingdotseq 3536 \text{ (円)}$$

でもいい。この方がらくだろう。

明夫君　いずれにしても，くじ券4000円より安いので，このくじ券を買うのは損ということですか。

差し引き "500円弱が夢" か。でも，10万円も魅力ですね。

どんなモンダイ！

(1) 「サッカーくじ」は宝くじや馬券などと違うと思うが，どのような仕組みになっているのか？

(2) 上のくじで，等外が0円のときの期待金額は？

8 くじの「先」と「後」どちらが有利？

麗子さん 世の中では，人々が順番を決めるのに，"くじ"を使うことって，スゴ～ク多いですね。

議員の選挙，スポーツ試合の組み合わせ，公団住宅などの入居，クラスで何かの役を決める，……。

「運を天に任す」その公平さがいいんでしょう。

道 博士 でも私のように，生来「くじ運の悪い人」は，あまりくじを信頼していないよ。

一方で，世の中には滅法くじに強い人がいるからね。

麗子さん とはいえ，くじは**数学的には公平**なんでしょう。

でも，みんなそう信じながらも内心は信じ切っていませんね。"くじを引く順を決めるくじ引き"なんて変なことをしたりしているんですから——。

道 博士 アレはコッケイだね。

麗子さん ところで，くじは，「先に引く」のと「後に引く」のとでは違いがあるのですか？

道 博士 "ある"と思っている人がいるので，"くじ引きの順を決めるくじ引き"をすることになるのさ。

麗子さん でも，当たりが1本だけのくじで，一番初めの人がそれを引いたら，もう後の人は望みがないではありませんか。やっぱり先に引くのがいいナ。

道 博士 当たり1本だとそんな考えになるから，まず「10本中3本当たりのくじ」を2人で引くことを考えよう。これはどう？

麗子さん これなら，あせりませんね。どうぞお先にという感じ。

第5章 統計・確率と利用の疑問

道　博士　10本中2本当たりでも安心だね。

で，心が落ちついたところで，この当たりの確率を引く順の先と後で計算してみよう。

先の人をA，後の人をBとする。

Aが当たる確率　$\dfrac{2}{10}$

Bが当たる確率 $\begin{cases} \text{Aが当たり，Bも当たる場合} \\ \quad \dfrac{2}{10} \times \dfrac{1}{9} = \dfrac{2}{90} \\ \text{Aが外れ，Bが当たる場合} \\ \quad \dfrac{8}{10} \times \dfrac{2}{9} = \dfrac{16}{90} \end{cases} \rightarrow \begin{aligned} &\dfrac{2}{90} + \dfrac{16}{90} \\ &= \dfrac{18}{90} \end{aligned}$

よって，$\dfrac{2}{10}$

となるんだ。

麗子さん　エェ〜，めんどうな計算をしていると思ったら，A，Bの結果は同じですか？
数学ってスゴイ！

道　博士　オミゴト！　という感じだろう。何人いても同じ計算だ。この計算では**確率の加法と乗法**がでてきたが，簡単にその例を出すので，自分で考えてごらん。

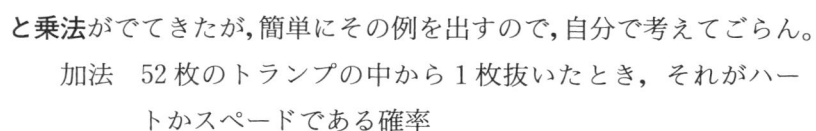

　　加法　52枚のトランプの中から1枚抜いたとき，それがハートかスペードである確率

　　乗法　1個のサイコロを，続けて2度投げ，2度とも5がでる確率

サア，計算してごらん。

（確率のたし算，かけ算がいるネ）

― どんなモンダイ！ ―

(1) 確率の加法や乗法の意味，使い方を上の例から説明しよう。

(2) 「10本中1本当たり」でも上の計算ができるのか？

⑨ 『保険』と数学との関係は？

明夫君 いまの社会では，保険が不可欠になっていますね。いざ，というときの安全のため，ということでしょう。

道博士 まず，大きく分けて「社会保険」のような強制的なものと，ふつうの任意のものとがあり，さらに，

　　(強制) 社会保険——失業保険，健康保険，国民年金など
　　(任意) 私経済保険——生命保険，損害保険 (火災，海上，
　　　　　　　　　　　　　　船舶，自動車など)

と，実に沢山あるね。

　女優などは，目や手足に高額の保険をかけているだろう。スポーツ選手もそうだね。

明夫君 保険というのは，基本的には同じ考えの人たちがお金を出し合って貯蓄し，誰かが困ったとき，そのお金を使う，という互助の精神から出発したものなんでしょう。

　でも，それと数学とがどう関係しているんですか？

道博士 40〜50年も前の日本社会では，大学の数学科を卒業した学生の就職先は，「学校の先生か，保険会社」といわれたものだ。

　保険会社は，それほど計算力を必要とした。

明夫君 昔，天文学者が数学者を兼ねた，という話は聞きましたが，現代は"保険と数学"ということですか？

　いまは，コンピュータでしょうが……。

道博士 この**保険制度**は，いつ，どんな考えで，どのようにして誕生したのか知っているかい？

明夫君 全然知りません。

第5章 統計・確率と利用の疑問

道　博士　1666年9月2日，ロンドン市のパン屋から出火した火事で，市の $\frac{2}{3}$ が焼き尽くされたんだよ。この災害体験から，再び火災に遭っても，全財産を失いスッテンテンにならない方法を考えた末，お金を出し合う互助制度を工夫した。

　　　　　これが火災保険制度の成立だよ。

明夫君　この制度のおおまかな点はわかるけれど，1軒1軒の家で考えると，条件がみな違うでしょう。

　・家が木造か石造りか
　・市の中心地か郊外か
　・密集地か離散地か
　・家財が多いか少ないか

　　　　　など，いろいろでしょう。

道　博士　そこで統計と確率とが必要とされてくるわけだ。この2つの『社会数学』は誕生したばかりの数学だが，早速，社会に役立ったことになる。

明夫君　生命保険の方が遅れるのですね。

道　博士　10年後に，「ハレー彗星」発見で有名なハレーが考案した。彼はグリニッジ天文台の天文台長にもなっているが，

　　　　　（天文学）──→（計算力）──→（保険）

という天界と人間界を計算で結ぶおもしろい関係を発見したよ。

（男子）

年齢 x	生存数 l_x	死亡数 d_x	年齢 x	生存数 l_x	死亡数 d_x	年齢 x	生存数 l_x	死亡数 d_x
0	100,000	90	40	97,514	157	80	47,532	3,844
1	99,910	63	41	97,357	172	81	43,688	3,913
2	99,847	43	42	97,185	187	82	39,775	3,939
3	99,804	31	43	96,998	201	83	35,836	3,917
4	99,773	26	44	96,797	220	84	31,919	3,844
5	99,747	24	45	96,577	242	85	28,075	3,720
6	99,723	21	46	96,335	270	86	24,355	3,545
7	99,702	19	47	96,065	300	87	20,810	3,323
8	99,683	17	48	95,765	333	88	17,487	3,059
9	99,666	16	49	95,432	369	89	14,428	2,761
10	99,650	15	50	95,063	412	90	11,667	2,438
11	99,635	14	51	94,651	463	91	9,229	2,104
12	99,621	14	52	94,188	519	92	7,125	1,768
13	99,607	16	53	93,669	573	93	5,357	1,446
14	99,591	22	54	93,096	621	94	3,911	1,146
15	99,569	33	55	92,475	660	95	2,765	878
16	99,536	47	56	91,815	696	96	1,887	648
17	99,489	63	57	91,119	736	97	1,239	459
18	99,426	75	58	90,383	778	98	780	311
19	99,351	80	59	89,605	823	99	469	201
20	99,271	81	60	88,782	867	100	268	123
21	99,190	78	61	87,915	917	101	145	71
22	99,112	74	62	86,998	982	102	74	39
23	99,038	73	63	86,016	1,057	103	35	20
24	98,965	74	64	84,959	1,141	104	15	9
25	98,891	74	65	83,818	1,230	105	6	4
26	98,817	74	66	82,588	1,339	106	2	1
27	98,743	74	67	81,249	1,469	107	1	1
28	98,669	74	68	79,780	1,612			
29	98,595	74	69	78,168	1,772			
30	98,521	73	70	76,396	1,949			
31	98,448	74	71	74,447	2,145			
32	98,374	76	72	72,302	2,362			
33	98,298	83	73	69,940	2,582			
34	98,215	92	74	67,358	2,805			
35	98,123	102	75	64,553	3,023			
36	98,021	111	76	61,530	3,238			
37	97,910	120	77	58,292	3,428			
38	97,790	132	78	54,864	3,596			
39	97,658	144	79	51,268	3,736			

生命保険の算定資料『余命表』

── どんなモンダイ！ ──
(1) 生命保険が悪用された事件とは？
(2) 将来「あるといい」と思われる保険？

どんなモンダイ！ 解答

1 「数の表」はナゼ統計といわない？
 (1) いうならば「素朴な統計」ということになり，広い意味の統計に入る。
 (2) 17世紀に誕生した統計学は，その後次のように発展している。

  ① 記述時代──近代統計学 ┐
  ② 関数時代──数理統計学 ┴ 20世紀前
  ③ 推計時代──推測統計学 ┐
  ④ 検定時代──管理統計学 ┴ 現代統計学

  近代は資料の処理が中心だったが，現代は確率論を入れた応用的なものへと発展した。

2 "平均の悪用"ってどんなことをいうの？
 (1) 平均を出さずグラフで示すか，平均に偏差（ちらばり度合，下記）をつける。
 (2) "つり鐘型"のグラフでは，ほぼのことがいえるが，グラフ1のようなものは，「クラスの半分いる」とはならない。

3 代表値の種類と使い方は？
 (1) 同じと考えていい。既製服などの場合，それを着るのに適した人が多い。これに対して平均による既製服では，それに合う体の人が少ない。
 (2) 50人のときは，25番目と26番目の人の平均をとった値を使う。

4 ナゼ偏差値が悪者なのか？
 (1) 偏差値という強く，はっきりした"物指し"で児童，生徒を輪切りに区分けし，学力順の位置を決定付けたことが問題にされた。
 (2) 資料のちらばり度合を示すものを「散布度」といい，次の4つがある。

 範囲　最大値と最小値の幅

 偏差 ┬ 四分偏差　資料を大きさの順に並べ，小さい方から $\frac{1}{4}$，$\frac{3}{4}$ の位置にあるものを Q_1，Q_3 として $\frac{Q_3 - Q_1}{2}$ で求めたもの
    ├ 平均偏差　偏差の絶対値の平均　$\frac{|(偏差)| \times (度数) の和}{総度数}$
    └ 標準偏差　偏差の2乗の和の平方根　$\sqrt{\frac{(偏差)^2 \times (度数) の和}{総度数}}$

第5章　統計・確率と利用の疑問

（具体例）　資料　4, 5, 6, 6, 7, 7, 7, 7, 8, 8, 9, 10

平均　――　$\dfrac{84}{12}=7$

範囲　――　$10-4=6$

四分偏差――　$Q_1=6,\ Q_3=8$ より $\dfrac{8-6}{2}=1$

平均偏差――　$\dfrac{|-3|+|-2|+|-1|\times 2+0\times 4+1\times 2+2+3}{12}=\dfrac{|-7|+7}{12}\fallingdotseq 1.17$

標準偏差――　$\sqrt{\dfrac{(-3)^2+(-2)^2+(-1)^2\times 2+0\times 4+1^2\times 2+2^2+3^2}{12}}=\sqrt{\dfrac{30}{12}}$
$\fallingdotseq 1.58$

5　『確率』は，いつ，どこで生まれた？

(1) わが国に古くからある言葉で，明治の初め外国数学が輸入されたときの訳語として使う。適遇，蓋然率(がいぜんりつ)などの訳語もあった。

(2) 一口に民族といっても，とりわけ欧州では，侵略，征服，統合などいろいろあって，混血状態といえるが，代表的なものをおおざっぱにいえば，次のような特徴がある。

　　｛東洋民族――小数文化圏，数量，代数
　　　西洋民族――分数文化圏，図形，幾何

　　｛ゲルマン民族――数計算，統計，微積分学
　　　ラテン民族――度量衡(どりょうこう)，確率，幾何学
　　　アラビア民族――清濁合わせのむ
　　　　　　　　　（代数，幾何，三角法も）

大和民族はどんなタイプかな？

6　ネス湖に『ネッシー』がいたか？

(1) 確率0――1～6の目をもつサイコロで，7の目がでること
　　確率1――目が3だけのサイコロで，3の目がでること

(2) 駒によって異なる。各自で試みよ。

7　"くじの夢"と期待値のふしぎ？

(1) サッカー10数試合の試合結果を，予想する投票券によって，

- 「全試合的中」を一等
- 「一試合を除いて的中」を二等 } などと分けて，賞金を配分する。
- ……………

この点が宝くじや馬券と異なる。

(2) 等外を0円とすると，このくじは，賞金総額が600万円で，本数は1725本なので，

$$期待金額 = \frac{6000000}{1725} \fallingdotseq 3478 \text{（円）}$$

8 くじの「先」と「後」どちらが有利？

(1) ① 加法

- トランプの中のハートとスペードを合わせると半分なので $\frac{1}{2}$
- (ハート の確率 $\frac{13}{52}$
  スペードの確率 $\frac{13}{52}$) $\frac{13}{52} + \frac{13}{52} = \frac{26}{52} = \frac{1}{2}$ ←一致

② 乗法

- 2個のサイコロを同時に投げたと考えると $\frac{1}{36}$
- 1度目が $\frac{1}{6}$，もう1度なので $\frac{1}{6} \times \frac{1}{6} = \frac{1}{36}$ ←一致

(2) 先の人が当たるのは $\frac{1}{10}$

後の人が当たるのは

{ 先が当たりのとき　$\frac{1}{10} \times \frac{0}{9} = 0$
  先がはずれのとき　$\frac{9}{10} \times \frac{1}{9} = \frac{1}{10}$ } $0 + \frac{1}{10} = \frac{1}{10}$

9 『保険』と数学との関係は？

(1) 新聞記事として広く知られたものに，ロス銃撃事件，モルジブ事件，トリカブト疑惑，カレー事件など数々ある。

(2) 冒険野郎保険，月旅行保険など。

第6章 文章題と解法の疑問

鶴亀算

オメデタイヨー

「合わせて頭が12」でも鶴と亀では，頭がちがうからホントはすぐわかるよネ

1 数学にナゼ"文章題"があるのか？

明夫君 算数・数学に，どうして**文章題**があるのですか？

道博士 戦前は「四則応用問題」とか，「諸等数応用問題」，単に「応用問題」といったが，戦後に英文を訳して「書かれた問題」とよばれた。その後に「文章題」——文章による問題——となった，という経緯がある。

　ところで，"ナゼ数学に文章題があるのか"の点だけれど，この疑問は逆だよ。

明夫君 逆とは？

道博士 大体，世界最古の数学書以来，どの民族，国の数学書も，ほとんど"文章問題集形式"なのさ。

　現在の教科書のように，いろいろ説明があった後，「では，それを理解するために問題で練習しよう」といった形式は，戦後のものといってもいいね。戦後に始まった『**生活単元学習**』では，内容が身近な題材の上，お話的な説明文による読む教科書だった。これがその後の"教科書パターン"をつくった，といえる。

　つまり，古典数学書は"問題集"だった。だから"ナゼ文章題があるのか"と考えるのは，逆だということになる。

明夫君 アア，そうなんですか。

　文章題を含め，練習問題集が数学の本，

文部省発行の教科書（昭和24年）

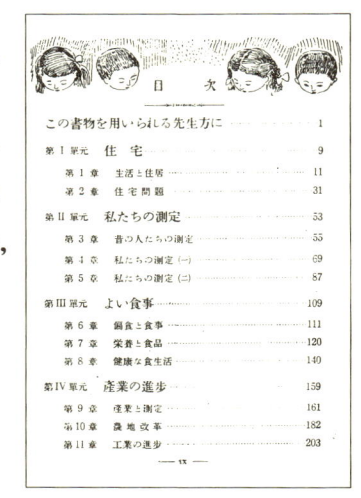

122

第6章　文章題と解法の疑問

ということなのですね。でも，わからないときはどうするのですか？

道　博士　この問題集が，易から難へと構成してあるので，優秀な人は独学できたであろうが，ふつうの人は先生から教えられ，問題集で練習して力をつけたのだろう。いまの形の教科書なら，ていねいに説明があるから，学習者が本で独学しやすいね。

明夫君　それにしても，文章題の内容や表現は，現実離れしていて，「こんな問題解いて**何の役に立つのか**」と思いますよ。

道　博士　その代表例として，『鶴亀算』——鶴亀合わせて10，足の数34。それぞれ何匹か——なんかがあげられるね。"頭の数がわかっているなら，もう何匹ずつかわかるはずなのに，形の異なる足の数まで出して，何やっているのか？

明夫君　それですよ。それ！

　木や電信柱の太さを0，としたり，形，色，大きさなどさまざまなのに，リンゴ10個などとしたり，川の流れがどこも一定と考えたり，……ムチャなことばかりです。

道　博士　数学では，理想化，抽象化とか，捨象などの言葉が使われるが，これは世の中は複雑すぎて，たとえば"人が仕事をする"ときも，その能率，技術，体力など百人百様だろう。それでは何かの問題解決に手がつけられないので，人間はすべて同じと考えることにする。

明夫君　"3"は世の中に（形のあるものとして）存在しない理想化，抽象化された数だけれど，これによって3人，3個，3本，3匹，3m，……のすべてを代表し，広い応用になる，というようなものですね。

どんなモンダイ！

(1) 算数・数学で"文章題"以外に何があるのか，また"諸等数"とは何か？

(2) 上の鶴亀算の，ほんとうのねらいは何だったのか？

2 世界最古の文章題は、どんなものか？

麗子さん　"世界最古の文章題"というのはどんなものか、興味がありますね。

道　博士　現存する世界最古の数学書は、エジプトの『**アーメス・パピルス**』（紀元前17世紀）で、これはその時代までの数学を記録したもの、といわれている。内容は4000年前のものといえるだろう。

麗子さん　どんな本ですか？

道　博士　イギリスの大英博物館のエジプト部屋に展示されてあり、長さ約5.5 m、幅33 cm の巻紙状のパピルスに書かれたものだ。

　第1章　第1〜3節　分数の表と計算
　　　　　第4〜6節　分数の練習問題
　　　　　第7〜8節　分数や級数の文章題
　第2章　図形の面積、体積の文章題
　第3章　雑題（という文章題）

という構成で、87題の問題がある。

アーメス・パピルスの1ページ
——象形文字——

麗子さん　問題をいくつか紹介してください。

道　博士　『**例題35**』（第7節の最初の問題）はこんな問題だ。

　「私の枡で3回、ヘカト枡に入れ、さらに私の枡の $\frac{1}{3}$ をそれに加えたら、ヘカト枡が一杯になった。私の枡の量を求めよ。」

麗子さん　"ヘカト枡"って何ですか？

道　博士　枡の大きさで、1ヘカトとは約5ℓのことだよ。

124

第 6 章　文章題と解法の疑問

　　　　では，この問題を解いてごらん。

麗子さん　4000 年前の問題ができなかったら，ショックだワ。

　　　いま，私の枡の量を x ヘカトとすると，

$$3x + \frac{1}{3}x = 5$$
$$9x + x = 15$$
$$10x = 15$$
$$\therefore\ x = \frac{15}{10} \quad \text{つまり } \underline{1.5\,\ell}$$

道　博士　よくできた。でも，当時は x を使う方程式はなく，「仮定法」という算数方式だったので，50 点というところかナ。では次の問題。

　　　『例題 39』「100 個のパンを 10 人に分けるのに 50 個は 6 人で等分し，残りの 50 個は 4 人で等分するとき，分け前の差はいくらか。」

　　　『例題 59』「ピラミッドの高さが 8 キュービット，底の辺が 12 キュービットの長さならば，この勾配（傾き）はいくらか。」

　　　『例題 75』「20 ペフスのパン 155 個を，30 ペフスのパンにかえようとするとき，何個と交換されるか。」

　　　サテ，これらはどうだい。

麗子さん　単位をかえれば，いまでも通用するような問題ですね。"古くて新しい問題" か。

道　博士　1 キュービットとは 1 指幅（2 cm ぐらい），20 ペフスとは 1 ヘカトの粉から 20 個のパンを作ったとき，「20 ペフスのパン」という。

　　　単位名というのは，結構難しいね。

― どんなモンダイ！ ―

(1) 『アーメス・パピルス』のアーメスとは何なのか？

(2) 上の 3 つの例題の答はいくらか？

3 解法の工夫はどう変遷した？

明夫君 文章題は，数学の誕生と共にあった，ということでしたが，そのときの解法は，いまと同じですか？

道博士 いい疑問だ。

とかく人間は，現代の尺度で過去を見るものだが，実は現代に至るまでに，大変な努力や回り道や挫折などと，いろいろ苦労をしているんだね。

文章題解法も例外ではない。

明夫君 ということは，昔は「xを使い方程式を立てて解く」という方法ではなかった，というのですね。

道博士 その通り！ いまの「xを移項して……」という方法は，ここ1000年ぐらいのことさ。

明夫君 でも文章題は4000年以上も昔からあるのでしょう。その間はどうやって解いたのですか。

道博士 『仮定法』というやり方で解いているが，これがふしぎでね。ナント，古代中国や古代インドでもこれだ。多分，どの民族も独立にこの方法によっているんだよ。

明夫君 その，古代に広く使われた『仮定法』というのは，どんな解法ですか？

道博士 一口でいうと試行錯誤法だね。昔，大砲を撃っていたやり方で，仮に定め，だんだん正解に近付ける，というものさ。

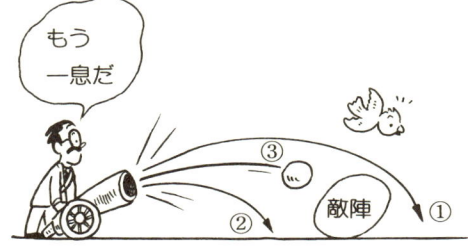

第6章　文章題と解法の疑問

明夫君　確かに素朴な発想なので，各民族の考え方が偶然一致したのかもしれませんね。

道博士　もう少し進むと，『複仮定法』という少し高級なものになり，一方では逆思考による『**逆算**』も使われるようになった。

　　　話だけではつまらないだろう。問題を出すから，君がいろいろの方法で解いてごらん。

　　　「ある数がある。それを2倍して5をたしたら31になった。ある数はいくつか。」

明夫君　ハイ，これを3通りでやってみましょう。

――〔仮定法〕――
いま，ある数を10と仮定すると，
　$10 \times 2 + 5 = 25$
31とは，6ズレがある。
$6 \div 2 = 3$　これで調整し
　$10 + 3 = 13$

――〔逆算〕――
答の31が，その前は5をたしているので，
　$31 - 5 = 26$
26の前は2倍しているので
　$26 \div 2 = 13$　　　13

――〔移項法〕――
ある数をxとすると，次の方程式ができる。
　$2x + 5 = 31$
移項して　$2x = 31 - 5$
　　　　　$2x = 26$　　∴　$x = 13$

（シラミツブシ法（71ページ）もいいんだろう）

道博士　3つくらべてどうだい。

明夫君　移項法では式ができるとあと頭を使わなくて済み，楽ですね。

――どんなモンダイ！――
(1) 数学で，試行錯誤法による別の例は？
(2) 「ある数を5倍して14を引いたら6になった」
　　を，上の3つの方法で解くとしたら，どうする？

4 『代数』の名はどこからできたのか？

麗子さん 前に，幾何や関数（函数）が，英語翻訳の中国伝来語と聞きましたが，方程式や代数も同じですか？

道 博士 日本で使う数学用語には，次の3種類がある。

(1) 英語翻訳の中国伝来語 ——幾何，函数など
(2) 中国伝統の中国語 ——方程（式），算術など
(3) 明治初期の中国の新造語——統計，確率

それに割算，算法など少々『和算』時代のものもある。また，戦後は，グラフ，プラス，マイナス，メートル，グラム，リットルなど片仮名語がふえてきている。

麗子さん ア！ 想い出した。

方程式は，1世紀，中国の名著『九章算術』の中の，「第八章方程」（84ページ）からできた語に，日本で「式」をくっつけたものでしたね。純粋の中国語です。

で，代数も純粋派ですか？

道 博士 算数も，数学も中国語だから，そう考えてしまうが，実は1859年，ド・モルガンの著書『*Elements of Algebra*』を輸入したとき，これを李善蘭（リ ゼンラン）が中国語に訳した。

つまり，『**代数**』は彼の命名によるものさ。

麗子さん そういうことですか。

ところで，代数と方程式とは，ほとんど同じみたいなのですが，どう違うのですか？

道 博士 初等的には，文字式という点でほぼ同意語だね。

第6章　文章題と解法の疑問

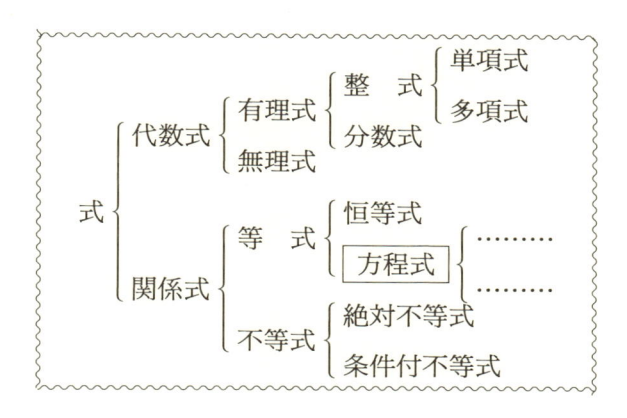

```
         ┌        ┌ 有理式 ┌ 整　式 ┌ 単項式
         │ 代数式 │       │        └ 多項式
         │        │       └ 分数式
式 ┤     │        └ 無理式
         │        ┌ 等　式 ┌ 恒等式
         │ 関係式 │       │  方程式 ┤ ………
         │        │       │        └ ………
         │        │       └ 絶対不等式
         └        └ 不等式 ┌ 絶対不等式
                          └ 条件付不等式
```

　広く文字式というと，上のようだが，学校の勉強からわかるように，その中心は"方程式"だね。
　　代数には，『**数論**』なども入るよ。

明夫君　方程式に最初に取り組んだ人は？

道博士　4世紀，古代ギリシアのディオファントス，ということになっている。ギリシアは幾何王国で，ほとんどの数学者は幾何を研究したが，数少ない代数学者といわれるのが，エウドクソス（比例論），アルキメデス（円周率）そして，このディオファントス（方程式）ということになっているよ。次の有名な問題があるんだ。

　　「ディオファントスは，生涯の $\frac{1}{6}$ を少年時代，$\frac{1}{12}$ を青年時代，その後 $\frac{1}{7}$ して結婚し，5年後に子が生まれ，子は父の年の半分まで生き，父は子の死後4年して死んだ。では，ディオファントスは何歳まで生きたか。」（墓碑の文から）

明夫君　なかなか，こった問題ですね。やってみましょう。

―― どんなモンダイ！ ――
(1)　『数論』の内容に，どんなものがある？
(2)　ディオファントスは何歳まで生きたのかを計算しよう。

5 アルゴリズムは人名のなまり？

明夫君 いま学校で習っている，方程式を「移項法」で解くのは，いつごろ，誰が考えたのですか？

道 博士 8世紀から12世紀ごろまでのアラビアは，数学黄金国になっていた。

　6世紀にマホメットが登場し，イスラム教をおこしてから，200年ほどで，西はスペインのピレネー山脈，東はインドのインダス河までの広大な領土を征服した。幸い，歴代"教主"（多くは国王を兼ねる）が文芸，学問を奨励し，数学では西の幾何学，東の代数学，三角法（44ページ）をとり入れ発展させたのだよ。

　この盛期の先端を切ったのが8世紀のアル・フヮーリズミーで，彼は名著『*al-gebr wa'l mukābala*』という本を著作したが，これはいろいろな面で後世に大きな影響を与えたね。

明夫君 この書名の意味は，どういうものですか？

道 博士 　*al* -*gebr wa'l mukābala*
　　　　　冠詞 移項　　　対比

　つまり，「移項法」の最初の本ということになる。

　世の中は，長い名称のものはなんでも省略するだろう。この書名も長いので，やがて"*algebra*"が代数を表す語になるんだよ。

明夫君 ものの名，つまり"名詞"というものは，変なことで決まるものなのですね。アルはアル・コール，アル・カリ……などのアルと同じものですか？

道 博士 アラビアでは，冠詞に"アル"――英語の the ――をつけるよ。

第 6 章　文章題と解法の疑問

　　さて，この創案の「**移項法**」という発想は，別に特別なものではなく，"上皿天秤の構造"の利用だ。
　　なぜ，そんな身近で簡単な考えに，数学者たちが気付かなかったか，とふしぎに思うが，それは式の考えがまだ発達していなかったからだろう。

明夫君　「天秤の両側のものが，つり合っている」と同じように，「等式の両側の式が等しい」と考えて……，
　　両方に同じものをのせても ｝
　　両方から同じものをとっても ｝
　　「バランスはとれている」「等式は成り立つ」と考える。
　　そういうことでしょう。

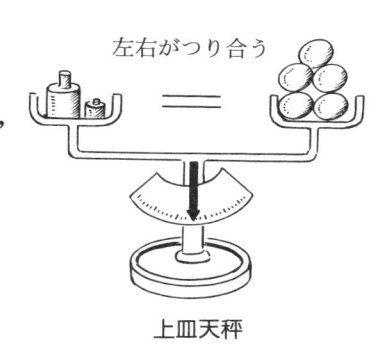

左右がつり合う

上皿天秤

道博士　天秤を日常的に使っていた商業民族アラビア人らしい発想だね。ところで，現代最先端のコンピュータで，土台の考えの『**アルゴリズム**』の語も，数学者アル・フワーリズミーによるんだよ。
　　彼は「移項法」という"**算法**"（手順）を考案したが，これは機械的に処理する方法で，コンピュータ処理にうってつけだった。それから考案者アル・フワーリズミーの名をとり，それがなまって『**アルゴリズム**』になった。

明夫君　1000 年前のアイディアが，最先端の作業に役立っているなんてすごいですね。

― **どんなモンダイ！** ―
(1)　アラビア人と幾何学は，性（しょう）が合ったのだろうか？
(2)　"算法"とはどんなものか？

⑥ トンチとユーモアの『インドの問題』とは？

麗子さん パズルの中に『インドの問題』というのがあると聞いたのですが，どんな問題ですか？

道 博士 これを知っているとは，なかなかのパズル通だ。

そもそも……，ナンテ改まるのも変だが10世紀に書かれたアラビアのアル・フワーリズミーの名著『*al-gebr wa'l mukābala*』が，13世紀に，イタリアの商人フィボナッチによってヨーロッパに紹介された。

麗子さん 数学の本が，なんで商人によって伝えられたのですか？

道 博士 数学と商人の関係は，すごく深い関係をもっているのだよ。古代ギリシアの『論証の開祖』ターレスやイギリスの『近代統計学』のジョン・グラントなど有名だ。

商人は利益を得るために，視野が広い，計算好きという優れた才能をもっている。

フィボナッチも商用で方々へ出掛け，エジプト数字，ギリシア数字，ローマ数字，インド-アラビア数字などを比較することが多かったのだろう。すると，0を使ったインド-アラビア数字が，筆算上では素晴らしい数であることに気付いたと思う。

麗子さん ものの良さは比較して発見するのですね。

道 博士 当時のヨーロッパは十字軍遠征時代で，ようやく東洋との接触をもった。それまで約1000年，キリスト教の閉鎖社会が続いていて，東洋の情報が少なかったので，その進んだ科学に驚き，目が開きはじめたときでもあったね。

麗子さん 科学面では，東西にそんな差があったのですか。

第6章 文章題と解法の疑問

道　博士　さて話をもとに戻そう。
　　　　フィボナッチは，入手したアル・フワーリズミーの本の類書『*al-gebra et almuchabala*』(1202年)を発刊したが，あまり学問的過ぎて多分よく売れなかったのだろうね。1228年に商人向けの筆算書『**Liber Abaci**』(計算書)を発行したところ，これがヨーロッパ中に猛烈に売れた。その後600年間売れ続けたというからすごいね。
　　　　目次の第1章が「インド－アラビア数字の読み方と書き方」さ。
麗子さん　ところで，なかなか『インドの問題』がでてきませんが……。
道　博士　そうだったね。そんなわけで，ヨーロッパではこのアラビアの先輩格，インドを尊敬したが，とりわけトンチでユーモアのある問題に対して，『インドの問題』と親しみを込めてよんだ，という。では2題。

　　玉子の問題　玉子売りが，最初の家で全部の半分と1個，次の家で残りの半分と1個，3軒目も残りの半分と1個を売った。このとき10個残っていた。最初何個持っていたのか。

　　王子の問題　インドの王が，王子にダイヤを分けてやった。第1王子には全体の1個と残りの$\frac{1}{7}$，第2王子には2個と残りの$\frac{1}{7}$，第3王子には3個と残りの$\frac{1}{7}$，……。
　　あとで調べたら，王子たちは，みな同数のダイヤを手にしていたという。ダイヤの個数と王子の数をもとめよ。

　　どうだい！　なかなかおもしろいだろう。
麗子さん　ほんとう！　多数の問題の中から玉子と王子を選んだ博士のダジャレ発想もおもしろいわ。

― **どんなモンダイ！** ―
(1)　13世紀のヨーロッパでは，どんな計算をしていたか？
(2)　上の2つの問題が解けるか？

7 〇〇算ルーツの『塵劫記(じんこうき)』とは？

明夫君 教科書にはありませんが，受験参考書などに〇〇算と名のついた問題がありますね。タイプ分けの名称でしょうか？

道博士 "難問を解くと頭が良くなる"といって，大正末期から昭和初期は『能力心理学』の全盛で，**難問主義**が尊重され，これには算数，数学は絶好の学科だった。

　その受験対策として，〇〇算式のタイプ分けが生まれたが，〇〇算そのものは，江戸の初期に登場している。

明夫君 そんなに古いものですか。驚いた。

　で，その発端となったのは？

道博士 イタリアの名著『*Liber Abaci*』（前ページ）とよく似ている。17世紀，中国から御朱印船でもち込まれた名著『算法統宗』を参考にして，角倉財閥の一族（京都）の吉田光由(みつよし)という人がかな交りで色絵の画期的な**『塵劫記』**という本を1627年に出版した。

　書名は「塵劫（永久）たっても少しも変わらない真理の本」からきた。

『塵劫記』の表紙　　　『塵劫記』の命名者「舜岳玄光」の天竜寺

第6章　文章題と解法の疑問

明夫君　これもフィボナッチの本同様に，大いに売れたのですね。

道博士　徳川時代に入り，天下統一で商業活動が盛んになった。そこで商売上，計算が必要なので，これでソロバンその他の勉強をしたんだ。

明夫君　明治初期まで300年間売れたのでしょう。

> 『塵劫記』目録
> 全48章ある中の○○算
> 第12　杉算の事
> 第20　入子算の事
> 第36　ねずみ算の事
> 第37　日に日に一倍(算)の事
> 第39　からす算の事
> 第42　油分け(算)るの事
> 第43　百五減(算)の事
> 第44　薬師算の事

道博士　寺子屋でも算数教科書として使ったからね。内容は，原本の『算法統宗』にはない，パズル的なものが多く入っていて，色刷りのイラスト，かな交じり文などで超時代的な本だったのが特徴だろう。ここに初めて○○算タイプの問題が登場しているよ。

明夫君　書名から見て，イカツイ本と思ったのに，なかなか興味深い章名が並んでいますね。

道博士　300年も前の子どもたちが，頭をひねっていたと想像すると，これまた楽しいね。『塵劫記』嫌いや落ちこぼれ，もいたんだろう。

明夫君　入子算というのはどういう問題ですか？

道博士　「大小相似形（入子）の鍋が1〜8升まで8個あり，代金は43匁2分のとき1升鍋1個はいくらか」という問題だ。この古い"入子"の考えが，現代最先端の「フラクタル幾何」と関係がある。まさに"古くて新しい"ものさ。

どんなモンダイ！

(1) 西欧が13世紀にすでに筆算法なのに，日本は17世紀にまだソロバン計算と遅れたのは？

(2) ○○算とよばれる名のものに何があり，いくつある？

8 "ねずみ講"と「ねずみ算」の関係?

麗子さん 世の中は，一向に"騙し商法"がなくなりませんね。騙す方も騙す方ですが，ひっかかる人があとをたたないのはナゼでしょうか。

道 博士 一口でいえば，数学の計算ができないからさ。

麗子さん アラ！ ずいぶん簡単に答が出されましたね。もっと難しい説明でもあるかと思ったのに……。

道 博士 大体，宣伝するほどいい話なら，その人が他人に知らせずに1人で大儲けするだろうしね。

　まあ，大半はインチキ計算に目がくらんだ欲深の場合だから，損害をこうむっても月謝と思えばいいだろう。

　ただ社会的犯罪という問題は別だが……。

麗子さん でも，ねずみ講にしてもマルチ商法にしても，初期に入会した人は儲かるのでしょう。

道 博士 そこが「落とし穴」であり「ワナ」でもあるんだ。後から入る人々も，同じ甘い汁がすえるものと思わせてしまう。

麗子さん このイカサマ商法の原点にもなっている"ねずみ講"の構造というのは，どういうものですか？

道 博士 これは"講"の組織に「ねずみ算」の方式を上手に導入したものだ。

　そもそも講というのは，大変まじめな組織で古い。奈良・平安時代にさかのぼるもので，当時の朝廷や各寺で，僧による仏典の講読集会が起源。室町時代にな

スラム街に「無尽講」急増

タイ・バンコク

第6章 文章題と解法の疑問

ると，寺だけでなく神社にも講ができ，江戸時代には，講員たちが維持費や旅行費用のために，お金を積み立てるようになり，ときにそのお金を利用した。つまり，講員がお金を必要とするとき，利子をとって貸したり，余剰金があると，順番を決めて分配したりしたそうだ。

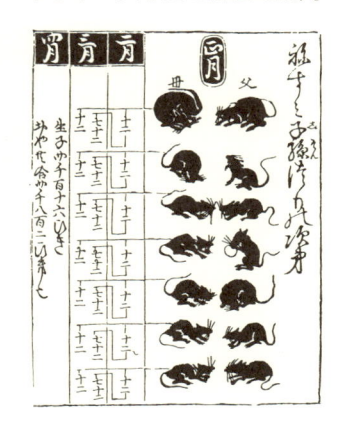

麗子さん この積立金による配分が，出発点ということですか。

道 博士 さて，「ねずみ算」だが『塵劫記』に出ている上のものを紹介しよう。

「正月に鼠父母出でて子を12匹（6対）生む。親とも14匹になるなり。この鼠，2月には子もまた子を12匹づつ生むゆえに，親とも98匹になる。かくのごとく月に一度づつ親も子も孫も曽孫も，月々に12匹づつ生むとき，12月の間に，何ほどになるぞ。」

（答．276億8257万4402匹）

上の絵付きの問題さ。

麗子さん 「ねずみ算」は，急速にものすごくふえることの代名詞ですね。2匹が1年間で276億余匹とは驚きですね。

道 博士 "計算に弱い人"は，ついついこのものすごさを忘れてしまうんだね。そのため，あとから入会しても儲ると錯覚する。

「からす算」とか「日に日に一倍算」（135ページ）も同じ仲間で，これらをまとめて「**積算**」とよんでいる。

── どんなモンダイ！ ──
(1) "ねずみ講"でみなが得することがあるか？
(2) 社会問題になった「トイチ（10日で1割の利子）で100万円借りると，1年で返却金3203万円になる」って本当？

137

⑨ 古くて新しい数学『L.P.』とは？

明夫君 昔から，優れた王とか，戦略に秀でた大将軍とか，一代で巨万の財をなした豪商や短期間に大会社や企業をつくった人など，歴史上にずいぶんいますが，凡人とは頭脳構造がちがうのでしょうね。

道博士 緻密な頭，豊富な経験，天性の勘，恵まれた幸運などいろいろな条件を備えた人なのだろう。これを"数学の目"で見るため，いま，身近で簡単な例をあげてみよう。

　『カップラーメン』という日本創案で，国内だけでなく，いまや海外にも広く売られている食品があるね。

明夫君 "何兆円産業"とかいわれて，すごい売れ行きだそうです。製品ができるまで，ずいぶん苦労をしたようですが……。

道博士 私はあまり即席物は好きではないが，学生や若い人の中には常食している人も多いね。

　ところで，これがつくられるまでには，次の2つの問題がある。

(1) 容器

(2) 中身（例）

　原材料名　味付油揚げめん
　　　　　　小麦粉，でん粉，植物油脂，肉エキス，食塩，醬油，香辛料，蛋白加水分解物，卵，豚肉，えび，ねぎ
　　　　　　植物蛋白，乳糖，炭酸カルシウム，カラメル色素，増粘多糖類，酸化防止剤，ビタミン，かんすい，カロチン色素

　容器づくりも，形状から始まり，熱に強い，味をおとさない，安価である，などの種々の条件があるが，それとは別に，中味の工夫

が大変だろう。

　この例では，最少でも20余を超える食品が混ぜられている。

　全体が「うまく，安く，売れる」であるためには，1つ1つについて，条件の方程式，不等式を立てる必要がある。

明夫君　ということは，20余の連立方程式・不等式を立てて解くことになりますね。

道博士　その通り！　昔の偉い人はこれを頭の中でやったが，現代はコンピュータで処理する。

　大きな工場などつくるとなると，連立200元方程式・不等式（200の未知数をもつ式）を解くことになるというよ。

明夫君　古くて役に立たないと思われた方程式が，現代では最先端の数学なのですね。

道博士　この数学は，第2次世界大戦中，英・米の数学者が考案した**『オペレイションズ・リサーチ』**（作戦計画，O.R.）の中の1つの領域で**『リニヤ・プログラミング』**（線形計画法，L.P.）というものだ。その目的とするところは，"最小の努力で最大の成果"を求める。

明夫君　理論上では，ずいぶん古くから考えられたのでしょうが，実際には超高元方程式が解けなかった。それがコンピュータ時代で実用的になった，という学問なのですね。

〔参考〕　O.R.にはL.P.のほかに，窓口の理論，ゲームの理論，ネットワークの理論，パート法などがある。（拙著『数学のたまご』他参考）

― どんなモンダイ！

(1) 菓子類にも"原材料名"があるか調べよう。

(2) 右の三元連立方程式をどう解くか？　　$\begin{cases} x+y=1 \\ y+z=3 \\ x+z=8 \end{cases}$

どんなモンダイ！　解答

1　数学にナゼ"文章題"があるのか？

(1)　文章題を「文章問題」といえば，その他には，

　　計算問題，作図問題，証明問題

などいろいろある。

　　また，"諸等数"とは，5 m 30 cm，2 時間 40 分 8 秒などのように，いくつかの単位がついた名数をいう。複名数ともいう。

(2)　鶴亀算を学ばせるねらいは，このタイプの問題のモデルとしてである。値段の違う 2 種類のノートを買う，リンゴとミカンをいくつか買う，大人と子どもの入園料金などと同じもの。

2　世界最古の文章題は，どんなものか？

(1)　古代エジプト紀元前 1700 年ごろの写字吏（記録役人）で，その時代までの数学の本を書き写した人。『アーメス・パピルス』をテーベの廃墟で発見したイギリスの考古学者リンドの名をとり，これを『リンド・パピルス』ともよぶ。（パピルスとはナイル河畔の葦の一種。ペーパーの語源）

(2)　『例題 39』　　$(50 \div 4) - (50 \div 6) = 12\frac{1}{2} - 8\frac{1}{3} = 4\frac{1}{6}$　　　　$4\frac{1}{6}$ 個

　　　『例題 59』　　勾配は $\frac{(高さ)}{(底辺)}$ なので $\frac{8}{6} = \frac{4}{3}$　　　　　　　　$1\frac{1}{3}$

　　　『例題 75』　　$(155 \times 20) \div 30 = 103\frac{1}{3}$　　　　　　　　　　$103\frac{1}{3}$ 個

3　解法の工夫はどう変遷した？

(1)　一番素朴な方法に『シラミツブシ法』（71 ページ）がある。第一歩から順に 1 つ 1 つていねいに調べていくやり方。

(2)　〔仮定法〕　ある数を 5 とすると　$5 \times 5 - 14 = 11$

　　　　　　　大きすぎるから 4 とすると　$4 \times 5 - 14 = 6$　よって，ある数は 4

　　　〔逆算〕　引いて 6 だから，もとの数は　$14 + 6 = 20$

　　　　　　　これを 5 でわると　$20 \div 5 = 4$

　　　〔移項法〕　ある数を x とすると，$x \times 5 - 14 = 6$　　$5x = 20$　　　$x = 4$

第6章　文章題と解法の疑問

4　『代数』の名はどこからできたのか？

(1)　『数論』とは数の性質を研究する数学の一分野で，現在の整数論にあたる。ピタゴラス（B.C. 5世紀）を開祖とする。偶数，奇数や素数，約数，倍数のほか，14ページ以降にある完全数や三角数，ピタゴラス数などの研究をする。

(2)　ディオファントスの年齢を x 歳とすると，
$$\frac{1}{6}x+\frac{1}{12}x+\frac{1}{7}x+5+\frac{1}{2}x+4=x$$
これより $\frac{9}{84}x=9$ 　　　　　　　　∴ $x=84$ 　　<u>84歳</u>

5　アルゴリズムは人名のなまり？

(1)　数学史上では，長い間，東洋（インド，中国など）は代数系，西洋（エジプト，ギリシア）は幾何学系であった。

　アラビアは両方にまたがる広大な領土をもっていたが，数学者はバグダッドに多く，代数系の成果——たとえば方程式——が多い。幾何学系は「原論」（ユークリッド幾何学）を復元させた功績ぐらいであまり，性に合ったとはいえない。（これに2章をつけ加えた）

(2)　江戸時代に，算法の語があるが，和算のことを指していた。現代でいう算法は主として計算の手順のことをいう。

6　トンチとユーモアの『インドの問題』とは？

(1)　13世紀の名著『Liber Abaci』（フィボナッチ著）から見ると，"アバクス"（そろばん）による器具計算から筆算になったこと，また，当時は小数がなく，分数計算によっていたこと，文章題も「仮定法」によっていたこと，などがわかる。

(2)　（玉子の問題）　方程式によるより逆算で解く方が楽である。

　右の図により，あともどりして式をつくると，
$$[\{(10+1)\times 2+1\}\times 2+1]\times 2=94$$
<u>94個</u>

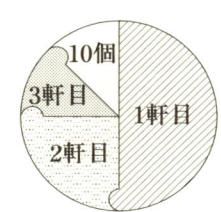

　（王子の問題）　x を使う。

第1王子は，　　$1+\dfrac{x-1}{7}=\dfrac{x+6}{7}$　……………………①

第2王子は，　　残りが $x-\dfrac{x+6}{7}=\dfrac{6x-6}{7}$ なので，

$$2+\dfrac{\dfrac{6x-6}{7}-2}{7}=2+\dfrac{6x-20}{49}=\dfrac{6x+78}{49} \quad \cdots ②$$

①，②は等しいから　$\dfrac{x+6}{7}=\dfrac{6x+78}{49}$　∴　$x=36$　$\begin{cases}\text{ダイヤ 36 個}\\ \text{王子　6 人}\end{cases}$

7 ○○算ルーツの『塵劫記』とは？

(1) 西欧のアバクスはあまりよい計算器具でないため，筆算が広まったが，日本のソロバンはこれを改良した器具である上，鎖国で対外的な通商活動がなかったことも，その原因と思われる。

(2) 次のものなど，全部で30ほどある。

　　　植木算, 分配算, 仕事算, 旅人算, 時計算, 流水算, 年齢算, 通過算, など

8 "ねずみ講"と「ねずみ算」の関係？

(1) 理論的にはある。ただし，人口が無限の場合。

(2) これは利子にまた利子がつく複利計算なので，

　　10日目　$(1+0.1)\times 100$ 万 $=110$（万円）　　100日目　259万3742.46円
　　20日目　$(1+0.1)^2\times 100$ 万 $=121$（万円）　………………
　　30日目　$(1+0.1)^3\times 100$ 万 $=133.1$（万円）　360日目　3091万2680.4円
　　………………　　　　　　　　　　　　　　　　365日目　3248万9537.8円

〔参考〕　中国の「手打ちメン」名人は倍々と14回くり返して細くし
　　　$2^{14}=16384$（本）つくり，針の穴を通せる細さになる。（TVによる実験）

9 古くて新しい数学『L.P.』とは？

(1) （例）「アーモンド・チョコレート」

　　　　砂糖，アーモンド，全粉乳，カカオマス，ココアバター，植物性油脂，クリームパウダー，乳糖，乳化剤，香料，などの10種類

(2) 　　$x+y=1$　　　　よって　$x+y+z=6$
　　　　$y+z=3$
　　　$\underline{+\quad x+z=8}$　　　　これより　$\begin{cases}x=3\\ y=-2\\ z=5\end{cases}$
　　　　$2(x+y+z)=12$

第7章 古今東西の難問とパズル

昔や今，西と東をパズルがつなぐ

1 有名な易しい難問とは？

明夫君　数学には易しい難問がありますね。

道博士　君の考えているのはどんなものかナ。

明夫君　まず，乗法九九の"9の段"で，答の1の位と10の位の数字の和が「みな9になることの疑問」というか，ふしぎです。

```
9×2=18
9×3=27
9×4=36
9×5=45
9×6=54
9×7=63
9×8=72
9×9=81
```

道博士　図形では，どんなものがある？

明夫君　2本の直線が交わってできる「対頂角が等しい」とか，三角形では，「2辺の和は残りの1辺より大」など。

"アタリマエ！"と思うことの証明ができること，しかも，かえって難しいことなどですね。

ところで，他の初等的な例ではどんなものがありますか？

どう説明する？

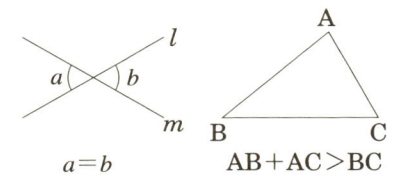

$a=b$　　　AB+AC>BC

道博士　たくさんあるよ。

(1) 双子素数の問題

　　連続した素数を双子素数という。これは無限か？

$$\begin{cases} 5 \\ 7 \end{cases} \begin{cases} 11 \\ 13 \end{cases} \begin{cases} 17 \\ 19 \end{cases} \cdots\cdots など$$

(注)　「素数が無限」はユークリッドが証明している。

(2) ゴールド・バッハの問題

　　2より大きい偶数は，すべて2つの素数の和で表される？

　　$8=3+5,\ 14=3+11,\ 20=7+13$　など

第 7 章　古今東西の難問とパズル

明 夫 君　簡単そうですが……。まだ証明されていないんですか？
図形にどんなものがありますか。

道 博 士　古くて有名なのが，『作図の三大難問』だ。これは目盛りのない定木とコンパスとで，次の図形を作図する，という易しそうな問題なんだよ。

(1) 任意の角を三等分すること
(2) 立方体の 2 倍の体積をもつ立方体をつくること
(3) 円と面積が等しい正方形をつくること

紀元前 4 世紀ごろつくられた問題というが，解決したのはなんと 19 世紀のことさ。

明 夫 君　特別なアイディアで解いたのですか？

道 博 士　いやいや，"作図不可能"ということで解決したんだ。上の(2)は，『デロスの問題』として有名だ。

紀元前 3 世紀末，大国ペルシアに対抗するため，ギリシアの都市国家アテネ，スパルタなどが相談し『デロス同盟』をつくり，その根拠地を地中海のデロス島に置いた。

狭い島に沢山の人が集まったため伝染病がはやり，多くの人が死んだため，人々はアポロンの神におうかがいした。すると，「祭壇(さいだん)の立方体を 2 倍の体積の立方体にすれば疫(えき)病(びょう)はおさまる」とお告げがあった，という伝説がこの島にある。

デロス島の神殿跡

― **どんなモンダイ！** ―

(1) 「1＋1＝2 はナゼ」（50 ページ）も易しい難問か？
(2) その後のデロス島，いまのデロス島はどうなっている？

2 "一筆描き"の誕生と,その後?

麗子さん パズルの中でも,私は一筆描きが好きですね。

問題が簡単な上,スリルがあるし,できたか,できないか,自分でわかるから……。

道 博士 では,早速,挑戦してもらおうか。

右の図や絵を一筆描きしてごらん。

麗子さん ハイ。

一応終わり,といってもA,F,Gの3つがどうしてもできません。ヘタなのかな?

ところで"一筆描き"は,いつごろ,どうして誕生したのですか。

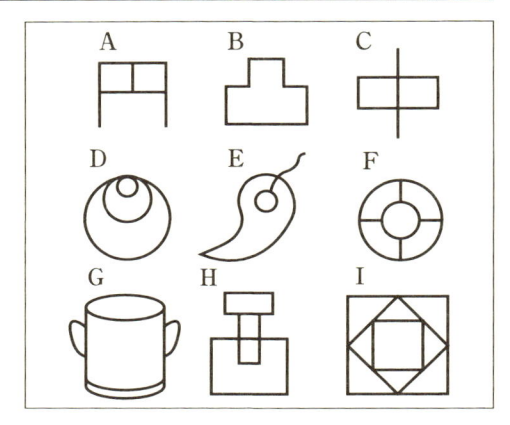

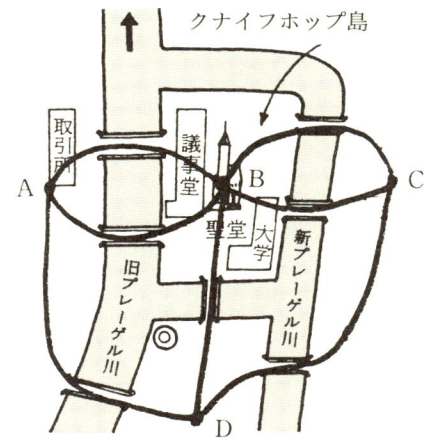

道 博士 1730年ごろ,当時ドイツ領だったケーニヒスベルクで街の中心地(上の図)の「それぞれの橋は1回ずつ渡り,7つのすべての橋を渡ることができるか」という問題が人々の話題になった。

この『7つ橋渡り問題』が"一筆描き"の始まりさ。

第 7 章　古今東西の難問とパズル

麗子さん　街の人の中で解けた人がいたのですか？

道　博士　誰一人できた人はいなかった。

たまたまスイスの数学者オイラーが来ていて，彼が数学的手法で，この『7 つ橋渡り問題』が解決不可能であることを証明した。

麗子さん　こういう問題の，しかも"不可能の証明"って，どうやるのですか？

道　博士　オイラーは，家，橋，河などの物理的な条件をすべて捨て去り，図の「A～D の 4 点を結ぶ線図が一筆で描けるかどうか」という一筆描き問題に変えて，それを調べたのだね。

つまり，"一筆描きの法則"をつくったんだが，それを知っているかい？

麗子さん　そんなルールがあるのですか。

道　博士　簡単にまとめて教えよう。

前ページの 9 つの図で考えてごらん。

「線図で 1 つの点を通る（または出る）線が奇数本のとき，奇点，偶数本のとき，偶点とよび，

(1) **偶点**だけの図形は，どこから描き始めてもできる

(2) **奇点**が 2 つのときは，一方の奇点から始め，他方の奇点で終わるように描くとできる

(3) 奇点が 4 つ以上（3 つということはない）は描けない」

というのがルールなんだよ。

麗子さん　オイラーって，頭のいい人ですね。スゴイ‼

前ページの線図について，このルールで確かめてみましょう。

― どんなモンダイ！

(1) 線図 A～I は，上の(1)，(2)，(3)に分類できるか？

(2) 現在も，この街に 7 つ橋があるか？

3 "平安文学美女"の名のパズルとは？

明夫君 数学では，ターレスの定理，ピタゴラスの定理，あるいは〇〇の公式などと，**数学者名をつけたものが多い**ですね。

道博士 発見した学者の功績をたたえる，とか，学者同士でわかりやすいとか，いろいろな点からそうした伝統がある。

　もし君が，後世に残るほどの大発見をしたら，君の名のついた定理や公式が伝えられるよ。

明夫君 興味があったので，数学辞典から，少し変わったものを拾い出してみました。

```
ルドルフの数         ベン図
オイラー線           ガウス記号
ペアノの曲線         メビウスの帯
ガリレオの渦巻線     クラインの壺
アポロニウスの円     ビュッフォンの針
ポアソンの分布       ネピア・ロッド
```

「ドウシヨーの珍問」なんてどうだ！

道博士 よく探したね。

　『**ナポレオンの問題**』なんてなかったかナ？　確かある。

明夫君 ナポレオンも数学ができたのですか？

道博士 彼はパリの陸軍士官学校砲兵科出身で数学は得意だったようだし，こんな有名な言葉を残している。

　「数学の進歩と完成は，国家の繁栄と密接に結びついている」

　また，彼が創設し，"金の卵を生むめんどり"とよんだ高等工芸学校（エコール・ポリティカル，65ページ）からは，数学に優れ

148

第7章　古今東西の難問とパズル

た教授，卒業生が多数輩出しているよ。

彼はあの有名な大きな帽子を上手に利用して，敵陣までを測量をしたことでも知られている。（拙著『答のない問題』参考）

明 夫 君　そうですか。ところで『ナポレオンの問題』というのは？

道 博 士　こんな問題だよ。作図してごらん。

「円に内接する正方形を，コンパスだけで作図せよ。」（つまり，円周上に，正方形を作る4点をとれ，ということ）

明 夫 君　日本人の名のついたものはないのですか？

道 博 士　西洋数学界に参入して，間がないからね。

日本独自のものはあるよ。有名なのが，『小町算』，『清少納言知恵の板』さ。

明 夫 君　小野小町は9世紀六歌仙の1人，清少納言は10世紀『枕草子』の著者，いずれも平安時代の"文学美女"ですね。

どういう数学ですか？

道 博 士　計算と図形のパズルだよ。

"**小町算**"は1〜9までの数字で，並びはそのままとし，その数字の前や間に＋，－，×，÷や（　）の記号を入れて100にするもの。

たとえば，

123－(4＋5＋6＋7)＋8－9＝100。

また，"**知恵の板**"は正方形の紙を右のような7片に分け，それを並べて絵などをつくる図形遊びだよ。

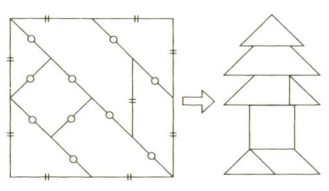

三重の塔

― どんなモンダイ！ ―

(1) 小町算の1つをつくってみよう。

(2) 7片で，右の図形がつくれるか？

屋形船

4 珍問，奇問に登場する主役？

麗子さん 少し変わった文章題やパズル，クイズなど見ていると，数学を考える人に，結構ユーモアのあるおもしろい人がいる，という感じがしますね。

道 博士 問題におもしろいものがある，ということかな？

麗子さん 内容もそうだし，登場する主役もいろいろいて，楽しいものがありますね。

道 博士 いつも，"一郎君に花子さん"では能がないだろう。
　インドの文章題など，問題の初めによびかけがあり，「友よ」「数学者よ」「賢い者よ」という男性向けのほか，女性向けでは，
　「かわいい小鹿の目をもつ乙女よ！」
　「輝く目をもつ数学好きの娘よ！」
といった具合だよ。大体が詩文調になっている。
　登場する主役は各種職業・身分の人間のほか，
　・ロバ，ラクダ，象，蛇（へび），牛，さる，くじゃく，蜂（はち）
　・芋（いも），マンゴ，ザクロ，蓮（はす），竹，アロエ，米
　・金，ルビー，サファイヤ，ダイヤ，真珠
ほとんど身の回りのもの，すべてを話題にしている。

麗子さん サースガね。インドの数学はヨーロッパで尊敬されるだけあってすごいですね。珍問を１つ紹介してください。

道 博士 「蜂の群れから，その５分の１がカダンバの花に行き，３分の１がリーンドラの花へ，また，その両方の差の３倍がクタジャの花へ行った。子鹿の眼をした愛らしき娘子よ。残ったもう１匹の蜂は，ケータキーとマーラティーの花の香りに同時によびかけられた

男のように，虚空を右往左往している。群れの量を述べなさい。」

麗子さん　何だか，恋愛小説の一部みたいですね。易しそうなので，すぐ解いてみます。

日本の江戸時代なんかにも珍問，奇問が多かったのでしょう。

道　博士　日本人は落語や狂言，川柳をもつ民族だから，結構，楽しいことを考えるんだね。たとえば，

「金太郎，足柄山にて天狗と熊とを友にして遊ぶ。あるとき，母山姥その友達を数ふるに，頭 77，足 244 あり。天狗と熊の数を問ふ。」

というのが『算法珍書』にある。鶴亀算の一種だね。この本には，

「8月1日に狸 1 疋でて腹を3つたたく。2日に狸2疋でて腹を3つずつたたく。3日に4疋でてあわせて12たたいた。かくのごとくまいにち狸の数"倍増し"にでて腹を3つずつたたき15夜にいたる。狸何疋，つづみ声いくらか。」

もある。『算法童子問』では義経が登場してくる。幅広いだろう。

麗子さん　有名な『徒然草』(1300 年頃，吉田兼好)にも算数問題があるそうですね。

道　博士　アア，あるよ。"まま子立て"という物語りだ。この本の 300 年後に出た『塵劫記』(134 ページ)にも出ているし，似たものが西欧の本にもある有名なものだ。簡単に説明しよう。「先妻の子 15 人，後妻の子 15 人をもつ財産家が死に，その遺産相続の 1 人を決めるのに，後妻は 30 人を右上のように並べ，甲からはじめて 10 人目ごとに失格とし，最後に残った子をあとつぎとするとした。」

●先妻の子
○後妻の子

— どんなモンダイ！ —

(1)　蜂の数はいくらか？　また，珍書の答はいくらか？
(2)　塵劫記の問題を上に従って数え，あとつぎを求めよ。

5 日本的パズル "覆面算"の妙?

明夫君 西洋人から見た"日本への興味"の1つに『忍者』というのがありますね。忍者,好きですネ〜。

道 博士 「子どものころ,いろいろ調べた」なんていうタイプかい。

明夫君 そうです。服部半蔵,石川五右衛門,猿飛佐助,霧隠才蔵,……,そして伊賀流,甲賀流,女忍者の「くの一」,おもしろいですね。ずいぶん本も読みました。

道 博士 相当の"通"のようだね。

明夫君 大体,忍,忍者,隠密,間者,密偵なんて語もいいし,時代劇には欠かせないでしょう。夢がありますョ。

道 博士 起源は,聖徳太子のころとか,さらに古い素戔嗚尊の時代とか,いろいろあるらしい。

　せっかく,君が忍者に興味をもっているので,私の好きなパズル**"覆面算"**に挑戦してもらおうかね。

明夫君 忍者に覆面はつきものですが,数学の中にもあるのですか。どんな覆面ですか?

道 博士 ふつうの縦書きの計算で,各数字を文字で覆面(隠)してあり,それを解いて,もとの数字を探し出そう,という虫食算仲間のパズルだ。

　これが好きな理由は,おもしろい文を自由に解ける,また創作できる点だね。欠点は答がいくつか出るところだ。

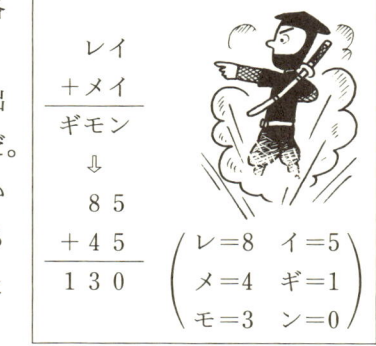

```
  レイ
 +メイ
 ────
 ギモン
  ⇩
  8 5
 +4 5
 ───
 1 3 0
```

(レ=8 イ=5
  メ=4 ギ=1
  モ=3 ン=0)

第7章 古今東西の難問とパズル

明 夫 君 この"黎明＝疑問"の答は右でもいいですか？
ぼくも作ってみました。

$$\begin{array}{r}75\\+65\\\hline140\end{array}$$

$$\begin{array}{r}\text{フク}\\+\text{メン}\\\hline\text{ザン}\end{array}\left(\begin{array}{r}\text{覆}\\+\text{面}\\\hline\text{算}\end{array}\right)\quad\begin{array}{r}70\\+23\\\hline93\end{array},\quad\begin{array}{r}\text{スウ}\\+\text{ガク}\\\hline\text{アキ}\end{array}\left(\begin{array}{r}\text{数}\\+\text{学}\\\hline\text{明}\end{array}\right)\quad\begin{array}{r}24\\+65\\\hline89\end{array}$$

道 博 士 サスガ忍者通だけあって，上手だね。

右のように，アルファベットによるローマ字で作ってもいい。

$$\begin{array}{r}NA\\+KA\\\hline DA\end{array}\Rightarrow\begin{array}{r}10\\+20\\\hline30\end{array}$$

西欧でも，このパズルはあり，名称は『**アルファメティックス**』という。アルファベットの「アリスメティックス」(算数)の略語だよ。

明 夫 君 いろいろおもしろいのが作れそうで，私も覆面算の大ファンになりました。

このパズルの"世界的に有名"なものがあったら紹介してください。

道 博 士 たくさんあるが，3つをとりあげよう。

①
$$\begin{array}{r}SLED\\+SNOW\\\hline RIDE\end{array}\left(\begin{array}{l}\text{雪の上を}\\\text{小ゾリで}\\\text{行く}\end{array}\right)$$

②
$$\begin{array}{r}PEACH\\+LEMON\\\hline APPLE\end{array}\left(\begin{array}{l}\text{桃}\\\text{レモン}\\\text{リンゴ}\end{array}\right)$$

③
$$\begin{array}{r}THREE\\THREE\\+\quad ONE\\\hline SEVEN\end{array}\left(\begin{array}{r}3\\3\\+1\\\hline7\end{array}\right)$$

少々難しいが解けるかナ？

明 夫 君 "覆面算プロ"を目指してがんばりまーす。

― どんなモンダイ！

(1) 自作問題がつくれるか？
(2) 上の3問に挑戦しよう。

⑥ 柵づくりや分割のチエ？

麗子さん 大きな土地をもつ人が死ぬとき，右のものを4人の子で平等に分けるよう遺言しました。できるだけ簡単な柵で4等分するには，どうすればよいか，という問題ですが……。

道 博士 数学のパズルでは，**遺産問題**は多いが，図形のものは珍しいね。

　　各取り分が正方形ではないが，右のも1つの方法だろう。

　　いろいろありそうだ。

　　では，今度は私が出そう。少し難問だができるかナ。

麗子さん どんな問題でもいいですよ。

道 博士 牧場に7頭の乳牛がいるが，仲が悪くて喧嘩ばかりするので，1頭ずつ分ける柵を作ることにした。

　　3本の直線の柵で作りたいが，どうやったらよいか？

麗子さん 面積は平等ではないんですが，これでいいでしょう。

道 博士 「オヌシ，ヤルナ！」というところだね。よくできた。

　　次はもっと難しいぞ。

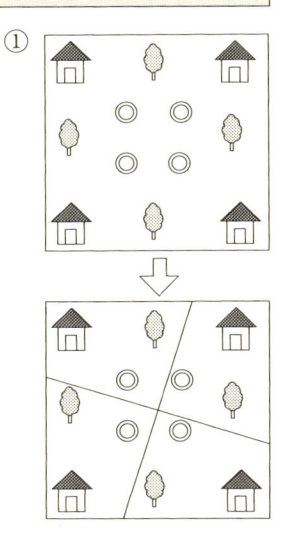

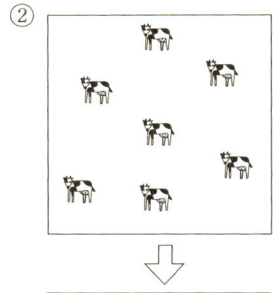

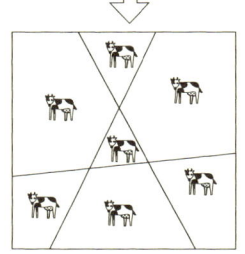

第7章　古今東西の難問とパズル

右の三日月を，これも3本の直線で分け，分割部分の個数を最大にせよ。というものだ。

③

麗子さん　変な形ですね。でも対称形だから，線も対称に引くのがいいんでしょう。

いろいろ挑戦して，下の4種類を考えました。

3本の直線を l, m, n とし，l, m, n を移動すると，

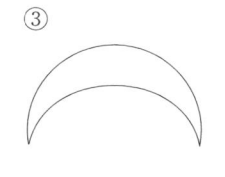

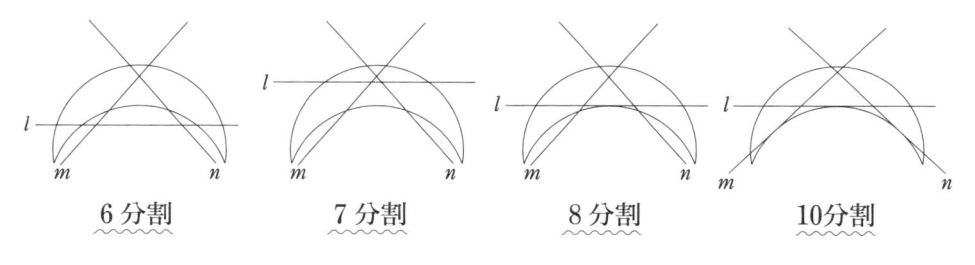

6分割　　　　7分割　　　　8分割　　　　10分割

下弦と l, m, n が接する場合が一番いいようです。

道　博士　なるほど，

ではこれはどうかナ。

いま，球面とドーナッツ面（トーラスという）とに1頭の乳牛がいる。これを大きな円形の柵が囲んだ。

どちらも同じ状態になるといえるか？

これはいえるね。しかし，もう少し頭を柔軟にすると，球面とドーナッツ面とが大きく違うことを発見するよ。

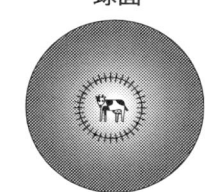

球面

ドーナッツ面

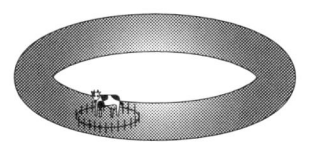

━ どんなモンダイ！ ━

(1)　前ページ図①，②の別解が考えられるか？

(2)　ドーナッツ面では，囲んだことにならないときがある。どんな円形の柵をつくったときか？

7 「ロバの橋」という易しい難定理?

明夫君 「二等辺三角形の底角は等しい」という定理は"難問"と聞いたのですが、どうしてですか？

道博士 18～19世紀のイギリスの秀才大学オックスフォードやケンブリッジの学生が、この定理が証明できず、バラバラと落ちこぼれたんだ。そんなことから、「ロバ（おろか者）が落ちる橋」というわけで、この定理を『**ロバの橋**』という。

明夫君 "数学の落ちこぼれ"は昔からあったのですね。

それはともかく、この内容は小学生のとき、「折り紙を使ってピッタリ重なるから、角の大きさは等しい」と習った易しいものでしょう。

道博士 数学史上からも、最も古い定理の1つで、2600年も前にターレスが証明しているよ。

ところで、君はどうやって証明するかね。

明夫君 補助線を引いてやりますが、3通りもあり、実にやさしい証明です。

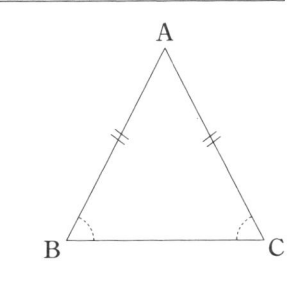

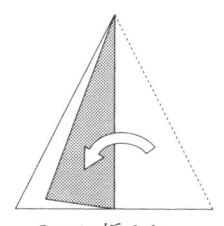

第7章 古今東西の難問とパズル

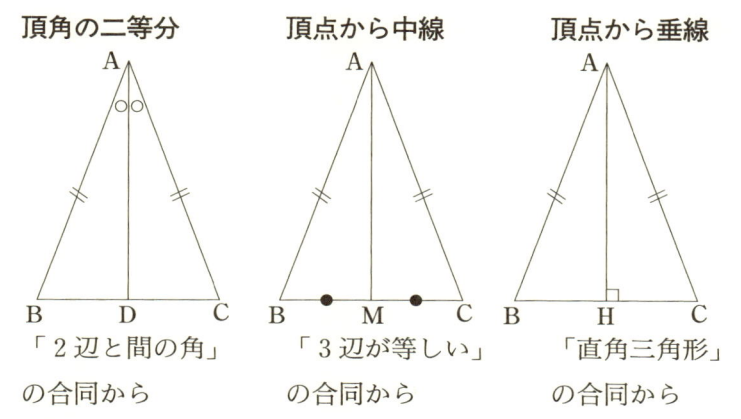

頂角の二等分	頂点から中線	頂点から垂線
「2辺と間の角」の合同から	「3辺が等しい」の合同から	「直角三角形」の合同から

道　博　士　よくできた！　とほめたいところだが，実はこれは厳密にいうと略式のもの，というわけさ。

明　夫　君　では本式とはどういう方法ですか？

道　博　士　紀元前300年にギリシアのユークリッドが，彼以前の過去300年間の幾何学を集大成して完成した『原論』（通称ユークリッド幾何学）によれば，この定理は「定理5」なのだ。

　ところが，いま君が証明のために使った作図は，

・頂角の二等分線を引くこと　　　……定理9
・頂点から中線を引くこと　　　　……定理10
・頂点から底辺へ垂線を下ろすこと……定理11

とあり，あとの定理なので，どれも使ってはいけない。

　定理5は定理4までのもので証明するのがきまりだよ。

明　夫　君　アア〜，そのため難問だったのですか。

　では，正確な証明というのは，どうやったらいいのかな？

―― どんなモンダイ！ ――
(1) 補助線 AD を引くことは，どうして気付いたか？
(2) 定理1〜4の定理とはどんなものか？

8 神の比例と紙の比例とは？

麗子さん 数学者は，"神"にこだわりますね。

道　博士 数学上の定理，性質，公式，規則，……を，数学者たちは"発見"といって発明とはいわないね。

　それは，元来"**数学は神が創ったもの**"で，数学者がたまたまそれを発見したにすぎない，と考える。

麗子さん 数学者ってずいぶん謙虚なんですね。

道　博士 発見の感動が大きいからだよ。

　人によっては，神殿に生贄（いけにえ）を献上したり，日本でも神社，仏閣に『算額』を奉納したり，あるいは自分のお墓に刻んだりと古今東西，大変なものさ。また，大数学者の言葉に，

- 神は幾何学する（プラトン）
- 神はつねに算術する（ヤコービ）
- 自然数は神が創り給うた（クロネッカー）
- 神の比例（パチオリ）

など，"神"――人間よりすぐれた者――を，よく口にする。

麗子さん 『**神の比例**』というのはどういうものですか？

道　博士 紀元前4世紀のギリシアの比例学者ユードクソスが発見した比で，"**黄金比**"といわれるものだ。

　線分 AB を C で内分し，

　　$AC^2 = BC \cdot AB$

となるときの AC と BC の比をいう。

　黄金比に分けることを**黄金分割**という。

　　A　　　　　C　　B
　　├─────┼──┤
　　　$\frac{\sqrt{5}+1}{2}$　　1
　　　（約 1.6）

（注）　1.6：1＝1：0.625　比はどちらでも同じ。

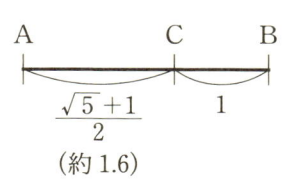

第7章　古今東西の難問とパズル

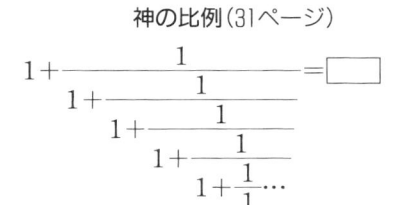

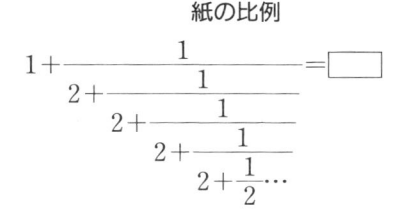

神の比例（31ページ）

$$1+\cfrac{1}{1+\cfrac{1}{1+\cfrac{1}{1+\cfrac{1}{1+\cfrac{1}{1}\cdots}}}}=\boxed{}$$

紙の比例

$$1+\cfrac{1}{2+\cfrac{1}{2+\cfrac{1}{2+\cfrac{1}{2+\cfrac{1}{2}\cdots}}}}=\boxed{}$$

～1999年のファッション～

新登場「$\frac{5}{8}$カップブラ」

ストラップをとっても胸の谷間クッキリ！

$\frac{5}{8}=\frac{10}{16}=\frac{1}{1.6}=0.625$

建築物，絵画，彫刻などにみる安定した形が多いが，最近は身の回りでも種々の利用。

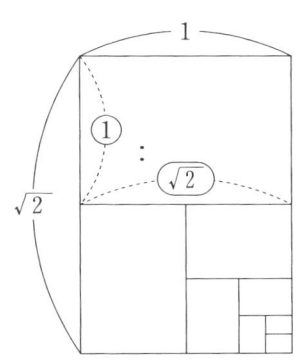

麗子さん　『紙の比例』なんてあるのですか？

道　博士　イヤイヤ，これは私の駄じゃれ，語呂合わせさ。でもこの両者は似ているのだろう。（上の式）

　　昭和15年，戦争中の物資節約の目的で，ときの商工省が紙を裁断するとき，ムダ紙をなくすため，考案した知恵だ。

どれが安定した美しさか？

　　半分，半分，……がすべて相似形になるもので，基本のA，B判はそれぞれ0〜12番までの判型がある。（これも135ページの入子）

麗子さん　切っても，切っても同じ形，というわけですね。スゴイ‼

― どんなモンダイ！ ―

(1)　上の「紙の比例分数」（連分数という）で小数の値はいくらか？

(2)　この本の大きさは，何という？

⑨ 『千一夜物語』のシェヘラザーデ数って？

明夫君 『千一夜物語』は1001で，数学に関係があるのですか？

道 博士 この物語のいわれを知っているのかい。

明夫君 エエ，興味があって調べたり，読んだりしました。

「エピソード」は，メソポタミアのササン王朝（紀元5世紀ごろ）のシャフリヤール王が，妻に裏切られたことから女性を憎み，新しい妻と一夜を過ごした翌日殺す，という行為をくり返した。これを知った大臣の娘シェヘラザーデは，このすさんだ王の心を安らかにしようとして，すすんで王妃になった。

そこで一晩中，楽しい物語を王に聞かせたところ，王は翌日も続きを聞きたいため，王妃を殺さなかった。こうして千一夜が過ぎ，その後末永く王は王妃と幸福な人生を送るようになった。

というものですね。

道 博士 この物語は誰かの創作だろうが，話は広くインド，ペルシア，ギリシア，ユダヤ，エジプトなどからのものを集めたという。

『アラジンの魔法のランプ』『アリババと四十人の盗賊』など有名だね。約300話あるそうだ。

明夫君 千夜でなく"千一夜"というのがおもしろいですね。

道 博士 数学ではこの1001を『シェヘラザーデ数』とよんで，パズルなどに利用している。

明夫君 $1001=7\times11\times13$ という連続する3つの素数の積，という珍しい数なんですね。

道 博士 これにはおもしろい分解の方法（右ページ）もある。

1001なんて平凡な数のようだが，なかなか興味深いよ。

第7章 古今東西の難問とパズル

ほかに，何か発見があるかな。

明夫君 どんな3桁の数をかけても，もとの数になる。

（例） $365 \times 1001 = 365365$

一方，

$365365 \div 7 = 52195$

$52195 \div 11 = 4745$

$4745 \div 13$

$= 365$

あたり前みたいで，おもしろい数ですね。

道博士 こんなのもあるよ。

1桁のどんな数でも1001の利用で，その数が続く数ができる，というもの。

（例） $5 \times 3 \times 37 \times 1001 = 555555$

$7 \times 3 \times 37 \times 1001 = 777777$

どうだい。キレイな結果になるだろう。

明夫君 "シェヘラザーデ数"これは王妃のように綺麗（きれい）な数なんですね。

道博士 6, 36, 365などといった特別な数ではない，平凡？ な数の中にも"分解してみる"とおもしろいものがある。たとえば153は

$153 = 1^3 + 5^3 + 3^3 = 1 + 2 + 3 + \cdots\cdots + 17$

$= 1! + 2! + 3! + 4! + 5!$

そんな数を探してみよう。

1001とは

$1 \times 11 = 11$

$2 \times 22 = 44$

$3 \times 33 = 99$

$4 \times 44 = 176$

$5 \times 55 = 275$

$+\ \ 6 \times 66 = 396$

つまり　　　1001

$11 \times (1^2 + 2^2 + \cdots\cdots + 6^2)$

365の分解は17ページにある。

中国上海で売っていた本
——書名がおもしろい——

― どんなモンダイ！ ―

(1) "○○数"というのが，ほかにもあるか？

(2) $5 \times 9 \times 12345679$ の答は？

10 最後は…, 数学者の遺言！

麗子さん いよいよ"疑問の最後"なので,『遺言』への珍問とします。ところで数学には遺言の問題が多いですね。

道 博士 数学の題材は,身近な日常性や社会問題をとりあげる傾向があるし,遺言といえば遺産分配など比率にかかわるから良い題材といえるんだね。

ところでどんな問題を知っているの？

麗子さん 有名なものを2つあげますね。

「羊17頭をもつ人が次の遺言をして死にました。

"長男は $\frac{1}{2}$, 次男は $\frac{1}{3}$, そして三男は $\frac{1}{9}$ に分配せよ。"

ところが,これでは分配できないので,知恵者の坊さんに相談に行くと,1頭貸してくれて,無事分配ができた上,1頭残ったので坊さんに返しました」(初めダメなのに,どうして—？)

もう1つは,出産の話。

「お腹に赤ちゃんのいる奥さんに,"男の子だったら妻と3：2,女の子だったら妻と3：5の割合で財産を分配せよ。"といって主人が死んだ。

ところが,生まれたのは男女の双生児だった。3人の分配比はどうしたらよいか」

道 博士 よく覚えていたね。これらも『**インドの問題**』(132ページ)だよ。では,いよいよ数学者の遺言の話にしよう。

アルキメデスの図形(62ページのお墓),ディオファントスの方程式(129ページ)など,その例だね。

麗子さん 148ページであげたような○○の定理とか○○の公式なんか

第 7 章　古今東西の難問とパズル

　　　も，広い意味では遺言のようなものですか。
道　博士　17 世紀，フランスの数学者フェルマーの大定理は，
　　　「$x^n+y^n=z^n$ という方程式は，整数 $n≧3$ に対して正の整数解 x，y，$z\,(xyz \ne 0)$ をもたない」
　　　という予想，つまり遺言をした。
　　　　これにはさらに余談があり，1908 年ドイツのウォルスケールが"2007 年 9 月 13 日までに証明した人へ賞金 10 万マルクを与える"という遺言をしている。
麗子さん　ダブル遺言ですね。これは最近，証明できたのでしょう。
道　博士　1995 年 3 月にアメリカのワイルズ教授が解決した。
　　　　ドイツ数学者は計算に強い人が多く，16 世紀のルドルフは，円周率の値を 35 桁まで，数十年かけて出した。その功績でライデン市のセント・ペテロ教会の中の墓誌にそれをたたえる文がある。（ルドルフの数）また 17 世紀，イギリスのニュートンの墓にも，生前研究した二項定理が刻まれている，という。
　　　　さらに，18 世紀，スイスの数学一家ベルヌーイの 1 人ヤコブは，『**永遠の曲線**』（等角ら線）を墓石に刻むよう遺言したとのことだ。
麗子さん　博士も，そろそろ考えますか？
道　博士　ウン。もうつくった。私の墓誌には好きな数学界異端児集合の $e^{i\pi}+1=0$ があるよ。スマートな関係式だろう。
〔参考〕　20 世紀の大数学者ヒルベルトは有名な「ヒルベルトの 23 の問題」を提出した。いまだ未解決のものもある。

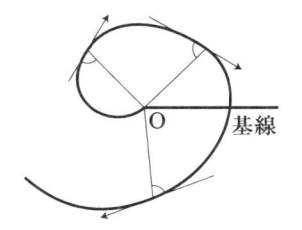

どの点の接線の角も等しい。

━━ どんなモンダイ！ ━━
　(1)　2 つの遺言問題の答はいくつか？
　(2)　なぜ『永遠の曲線』というのか？

どんなモンダイ！ 解答

1 **有名な易しい難問とは？**

(1) 1+1=2については，50ページでもふれたが，20世紀初頭のイタリアの数学者ペアノが，「自然数の公理」を創案し，これで証明した。

(2) デロス島は，アポロン神の誕生地で神域とされたが，その後，紀元前88年小アジアのミトラダテス軍によって破壊され，紀元前66年海賊の攻撃で潰滅し，以後今日まで無人島となる。いまは小さな船つき場とみやげ物屋だけ。

2 **"一筆描き"の誕生と，その後？**

(1) 右のように分類できる。

〔参考〕奇点 偶点

図絵	(1)	(2)	(3)
	B D I	C E H	A F G

(2) 146ページの図の下3つの橋だけ残っている。上2つの上方の橋に高架道路がある。

〔参考〕哲学者カントが一生過ごした静かで思索の町だったが，第二次世界大戦後，ロシア領となり，カリーニングラードの地名となった。中島は右の聖堂だけの公園になっている。

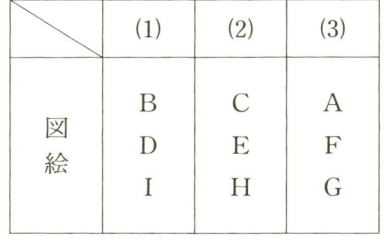

現在のカリーニングラードのクナイフホップ島内の聖堂

3 **"平安文学美女"の名のパズルとは？**

(1) 12+3+4+5−6−7+89=100
1+2+3−4+5+6+78+9=100

(2) 右のようにすればいい。

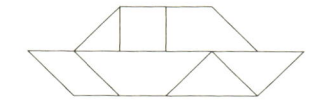

第7章　古今東西の難問とパズル

4　珍問，奇問に登場する主役？

(1) （蜂の群れ）

蜂の数を x 匹とすると

$$\frac{1}{5}x+\frac{1}{3}x+\left(\frac{1}{3}-\frac{1}{5}\right)x\times 3=x-1$$

これを解いて $x=15$　　　<u>15匹</u>

（天狗と熊）

いま，天狗の数を x とすると，熊の数は $(77-x)$ なので，

$$2x+4(77-x)=244$$

これを解いて $x=32$　$\begin{cases} 天狗 & 32 \\ 熊 & 45 \end{cases}$

（狸とつづみ声）

狸の数は"倍増し"だから，1日は1疋，2日は $1\times 2=2$ 疋，3日は $2\times 2=2^2$ 疋，……，15日は 2^{14} 疋となる。

よって　<u>狸16384疋，腹つづみ49152声</u>

(2) 先妻の子は全員いなくなるが，最後に残った乙が「いまから私から数えてくれ」という。後妻は 15：1 なので安心してこれを了承した。ところが――。（あとを続けてみよう。）

5　日本的パズル"覆面算"の妙？

(1) 自作の条件

① 使う文字やアルファベットは10種類以内　　　　カア
　　（0〜9なので）　　　　　　　　　　　　　　＋カア
② できるだけ答が1つであるようにする　　　　　カラス
③ できない問題はつくらないこと（右側）　　　このカは1になる

(2) ①　　2893　　②　　36817　　③　　2 3 5 7 7
　　　　＋2146　　　　＋46529　　　　　2 3 5 7 7
　　　　　5039　　　　　83346　　　　＋　　8 1 7
　　　　　　　　　　　　　　　　　　　　4 7 9 7 1

（注）別解があるものもある。

165

6 柵づくりや分割のチエ？

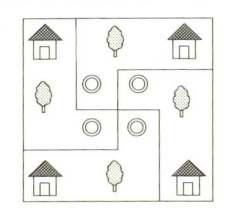

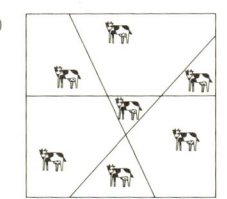

(1) ① ②

(2) 同じ円形の柵でも下のようなものでは，柵を作っても行動が自由で囲んだことにならない。

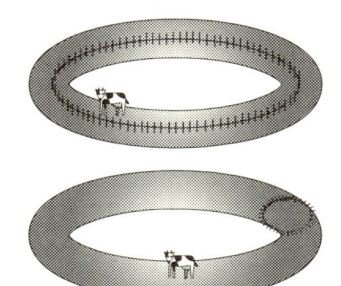

円内に閉じ込めたと思ったのに…

7 「ロバの橋」という易しい難定理？

(1) 二等辺三角形は，"線対称の図形"であることに目をつける。
(2) 定理1　与えられた線分の上に正三角形をつくること
　　定理2　与えられた点から与えられた線分に等しい長さの線分を引くこと
　　定理3　2つの等しくない線分が与えられたとき，大きい方から小さい方を引き去ること
　　定理4　2つの三角形が2辺とその間の角が等しいとき合同になること
〔参考〕　公理1　2点を通る直線を引くこと
　　　　公理2　線分を延長すること
　　　　公理3　円をかくこと
　　　　公理4　すべての直角は等しいこと
　　　　公理5　（長文なので略）

第7章 古今東西の難問とパズル

8 神の比例と紙の比例とは？

(1) 1.414285714…

この連分数を続けていくと，1.41421356…となり，実は $\sqrt{2}$ になる。

(2) A5（縦 210 mm×横 148 mm）

9 『千一夜物語』のシェヘラザーデ数って？

(1) 完全数，合成数，仮数，母数，示性数，ルベーグ数，など

(2) 555555555

〔参考〕 1998年3月
　（例1）東京都高等学校「数学」入試問題
　123123のように，3桁の同じ整数を2つ並べて6桁の整数を作ると，ある素数で必ず割り切れるという。その素数をすべて求めなさい。
　なお，$x^3+1=(x+1)(x^2-x+1)$ を利用することもできる。

10 最後は…，数学者の遺言！

(1)
長男　$17 \times \dfrac{1}{2}$
次男　$17 \times \dfrac{1}{3}$　　（ダメ。そこで1頭借りる）　$\Longrightarrow$　$18 \times \dfrac{1}{2} = 9$
三男　$17 \times \dfrac{1}{9}$　　　　　　　　　　　　　　　$18 \times \dfrac{1}{3} = 6$
　　　　　　　　　　　　　　　　　　　　　　　　　　　　$18 \times \dfrac{1}{9} = \dfrac{2}{17}$ （＋（残った1頭を返した。）

男：妻＝3：2　　　　5倍する
女：妻＝　　3：5　←------ 2倍する
男：女：妻＝15：6：10 ←------

(2) ヤコブの碑銘に，「私はたとえ変化しても，また同じものとして起きあがる」（どの部分をとっても相似，の意味）とあるという。つまり"永遠"ということ。

167

著者紹介

仲田紀夫

1925年東京に生まれる。
東京高等師範学校数学科，東京教育大学教育学科卒業。（いずれも現在筑波大学）
（元）東京大学教育学部附属中学・高校教諭，東京大学・筑波大学・電気通信大学各講師。
（前）埼玉大学教育学部教授，埼玉大学附属中学校校長。
（現）『社会数学』学者，数学旅行作家として活躍。「日本数学教育学会」名誉会員。
「日本数学教育学会」会誌（11年間），学研「会報」，JTB広報誌などに旅行記を連載。

NHK教育テレビ「中学生の数学」（25年間），NHK総合テレビ「どんなモンダイQてれび」（1年半），「ひるのプレゼント」（1週間），文化放送ラジオ「数学ジョッキー」（半年間），NHK『ラジオ談話室』（5日間），『ラジオ深夜便』「こころの時代」（2回）などに出演。1988年中国・北京で講演，2005年ギリシア・アテネの私立中学校で授業する。2007年テレビBSジャパン『藤原紀香，インドへ』で共演。

主な著書：『おもしろい確率』（日本実業出版社），『人間社会と数学』Ⅰ・Ⅱ（法政大学出版局），正・続『数学物語』（NHK出版），『数学トリック』『無限の不思議』『マンガおはなし数学史』『算数パズル「出しっこ問題」』（講談社），『ひらめきパズル』上・下『数学ロマン紀行』1〜3（日科技連），『数学のドレミファ』1〜10『世界数学遺産ミステリー』1〜5『パズルで学ぶ21世紀の常識数学』1〜3『授業で教えて欲しかった数学』1〜5『若い先生に伝える仲田紀夫の算数・数学授業術』『クルーズで数学しよう』『道志洋博士のおもしろ数学再挑戦』1〜4『"疑問"に即座に答える算数・数学学習小事(辞)典』（黎明書房），『数学ルーツ探訪シリーズ』全8巻（東宛社），『頭がやわらかくなる数学歳時記』『読むだけで頭がよくなる数のパズル』（三笠書房）他。
上記の内，40冊余が韓国，中国，台湾，香港，フランス，タイなどで翻訳。

趣味は剣道（7段），弓道（2段），草月流華道（1級師範），尺八道（都山流・明暗流），墨絵。

恥ずかしくて聞けない数学64の疑問

2005年6月25日　初版発行
2013年8月1日　16刷発行

著　者	仲田紀夫
発行者	武馬久仁裕
印　刷	大阪書籍印刷株式会社
製　本	大阪書籍印刷株式会社

発行所　　　　株式会社　黎明書房

〒460-0002　名古屋市中区丸の内3-6-27 EBSビル ☎052-962-3045
　　　　　　FAX052-951-9065　振替・00880-1-59001
〒101-0047　東京連絡所・千代田区内神田1-4-9 松苗ビル4階
　　　　　　　　　　　　　　　　　　　　　　☎03-3268-3470

落丁本・乱丁本はお取替します。　　　　ISBN978-4-654-08211-7
Ⓒ N. Nakada 2005, Printed in Japan